吉林科学技术出版社

作者简介

张兴国　国务院国资委商业饮食发展中心专家顾问，抚顺市新抚区政协委员，绿色餐饮厨艺协会会长，正兴德餐饮管理有限公司董事长，中国烹饪大师，国家级餐饮业评委，全国美食家俱乐部副主席，中国饭店协会名厨委员会执委，酒店管理专家，国家高级烹调技师，国家高级药膳技师，国家高级营养师，东方美食学院客座教授，国家职业技能竞赛裁判员考评员，法国蓝带马爹利烹饪大师。

被公安部、司法部、宣传部、中央电视台联合评为2004年度全国十大法治人物，2005年入选中央电视台《东方之子》栏目，同年被中国烹饪协会、世界中国烹饪联合会、中国旅游饭店协会联合评为2004年中国餐饮业年度十大人物，被誉为中国餐饮业传奇风云人物、中国餐饮业少壮派的领军人物。

编委会（排名不分先后）

主　编：张兴国

顾　问：孔祥道

副主编：李明乐　张兴民　张明军

成　员：吴　雷　时世国　周凤海　李佳博　高振杰　彭　斌　陈　标　杨　袁　董伟华　张维官　李　鹏　刘露露　王天鹏　王敬业　赵　亮　赵　波　戚　冰　罗　伟　王　巍　田世喜　高明社　吕旭东　郭政强　王祖建　朱福建　周延双　冷承恭　于咏琪　何玉龙　刘　涛　宁家浩　王勇翔　孟庆鋆　李克庆　李青云　李文昊　张文博峰

特别鸣谢

前言

家宴是指限于家庭范围、规模较小、有比较丰富菜肴的饮食聚会。家宴与日常饮食或一般请客吃饭的不同之处是它的社交性、聚餐式和规格化。家宴因为不具有营业性质，所以可以办得更灵活机动些。在家庭环境中，亲朋好友相聚更多是交流感情。家宴办得随意些，气氛会更加融洽。

中国自古就有宴客的传统。宴请客人时，在菜单的选择、营养的搭配、品种的多样等方面，都有一些需要注意的地方。家宴办得好，客人高兴，主人也有面子。

本书按照家宴上菜的基本程序，分为开胃小菜、宴客大菜、下酒辅菜、汤羹炖品、花样主食和餐后甜品六大部分，介绍了原料取材容易、操作简便易行、营养搭配合理、适宜制作家宴的美味菜肴300多道。每道菜肴不仅配有精美的成品彩图，我们还针对菜肴制作中的关键步骤，配上分解步骤图片，让您能更直观地理解和掌握。另外，我们还对一些重点菜肴配以二维码，您可以用手机或平板电脑扫描二维码，在线观看整个菜肴的制作过程，真正做到图书和视频的完美融合。

中国人对舌尖上的享受是很有研究的，从食材的选择，到五味的调和，每一样都有自己的理解。看着家宴上鲜美的水产，脆嫩的青菜，鲜红的辣椒，一种温暖，一种内心的满足感油然而生。多年以后，这些复杂而微妙的味道总是会出现在我们记忆中，而美食里蕴含的浓浓亲情，也许就是家的味道吧！

目录

CONTENTS

序篇：一桌家宴

PART 1 开胃小菜

PART 2 宴客大菜

PART 3 下酒辅菜

PART 4 汤羹炖品

PART 5 花样主食

PART 6 餐后甜点

友情提示

1/2小匙≈2.5克
1小匙≈5克
1/2大匙≈7.5克
1大匙≈15克
1/2杯≈125毫升
1大杯≈250毫升
此菜配有视频制作过程

家宴套餐目录

四菜一汤一主食家宴（1）

四菜一汤一主食家宴（2）

四菜一汤一主食家宴（3）

● 六菜一汤一主食家宴（1）

● 六菜一汤一主食家宴（2）

● 八菜一汤一主食家宴（1）

● 八菜一汤一主食家宴（2）

树椒土豆丝 26

肉皮冻 33

苹果鸡肉沙拉 40

鱼香猪手 65

大蒜烧牛腩 66

家常素丸子 90

春笋豌豆 93

蒸淋凤爪 111

奶油番茄汤 128

木樨饭 157

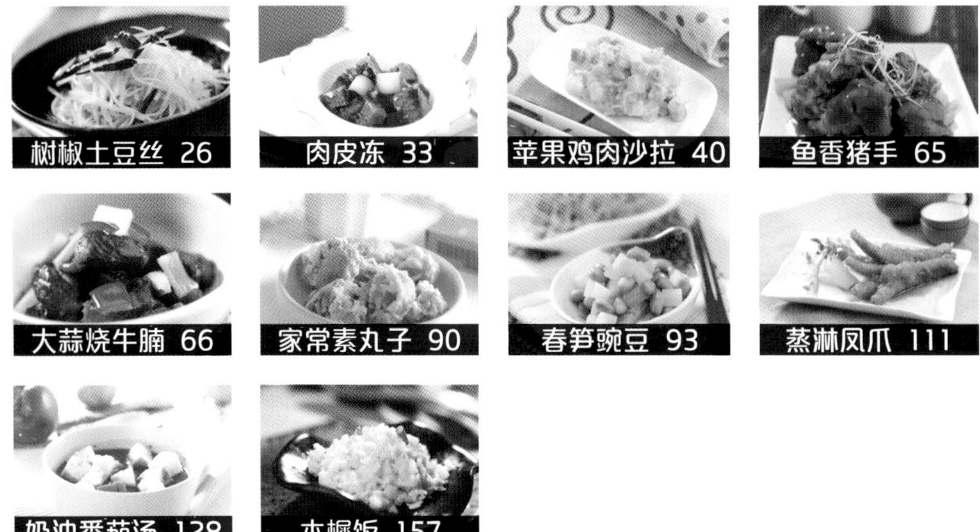

● 十菜一汤一主食家宴（1）

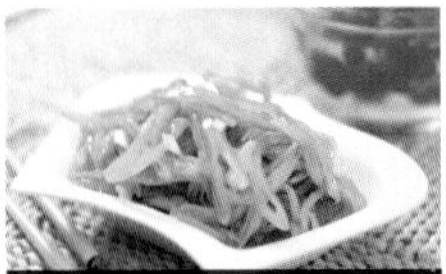
椒香扁豆 29

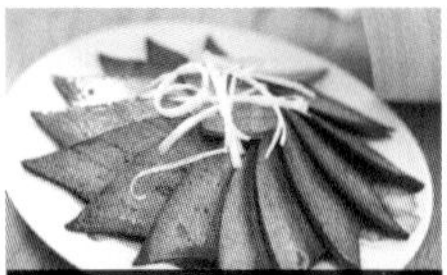
酱卤猪肝 31

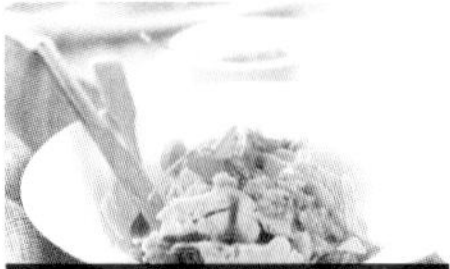
葱油鸡 38

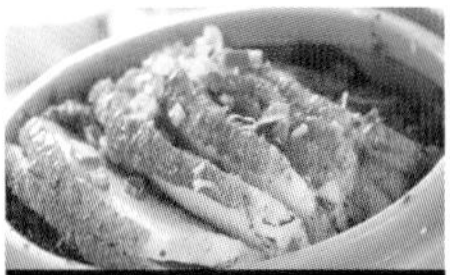
咸烧白 58

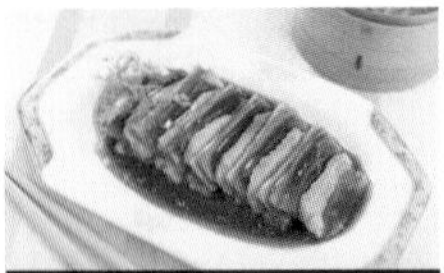
麒麟鸭子 74

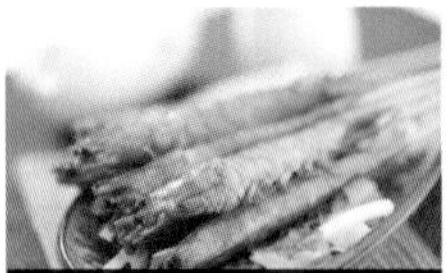
串烧大虾 81

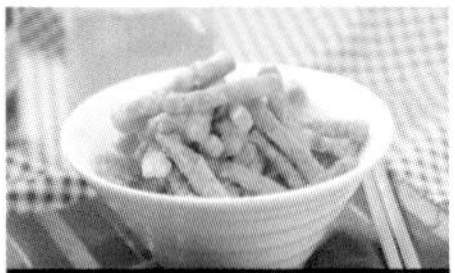
蛋黄焗南瓜 92

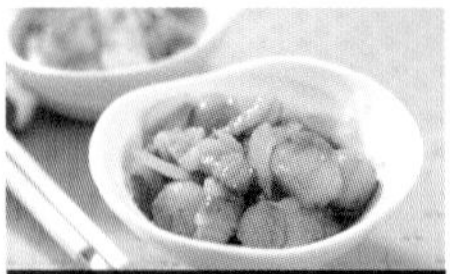
红焖小土豆 92

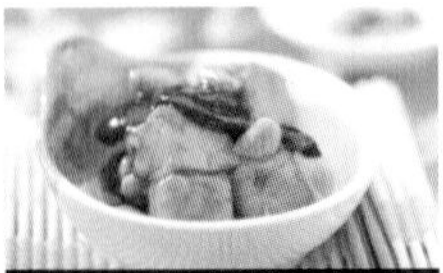
香菇烧豆腐 113

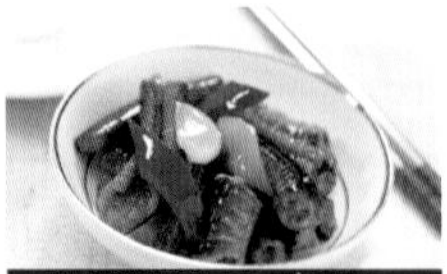
麻辣鳝段 116

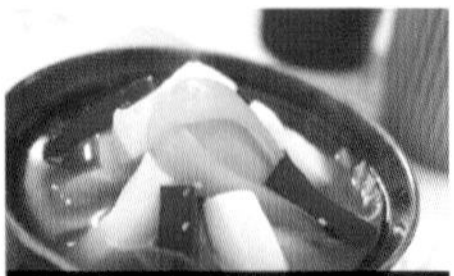
墨鱼油菜汤 142

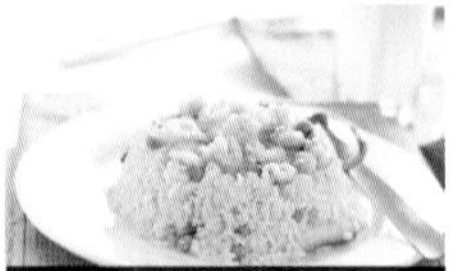
茶香炒饭 158

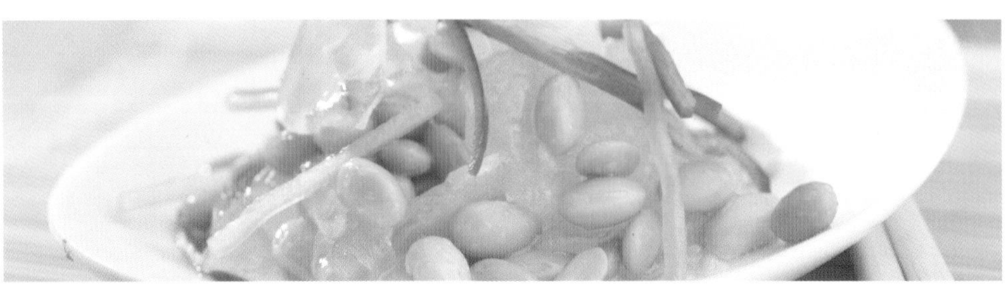

● 十菜一汤一主食家宴（2）

● 十菜一汤一主食家宴（3）

一桌家宴

如何设计一桌宴客好菜

宴客菜的制作虽不像高档筵席那样烦琐，但基本组成也是有一定规律的。它一般由开胃小菜、宴客大菜、下酒辅菜、汤羹炖品、花样主食和餐后甜点构成。

开胃小菜是家宴中的开场菜，也是宴客的前奏曲。一般开胃小菜的味道比较稳定，不受时间和温度的限制，即使搁置稍久，滋味也不会受到影响。另外，开胃小菜提前制作，能增加烹调其他菜肴的时间。

宴客大菜亦称头菜，代表整桌菜肴的级别。宴客大菜在选料上多以鸡、鸭、鱼、畜肉为主，而且在烹调技法上也较为讲究，多采用烧、焖、炖、煮、炸等方法，其质地酥烂，口味鲜香，风味独特。

下酒辅菜又称热炒，一般采用炒、爆、熘、炸、烩等烹调方法。下酒辅菜多为“抢火菜”，要求现制、现食，快速上桌。下酒辅菜以色香味美、鲜香爽口、量少精巧为佳，以达到口味和外形多样化的要求。

汤羹炖品在一桌家宴中必不可少，可以说无汤不成席，如果一桌菜中没有一两道清淡味美的汤羹炖品，那么再丰盛的筵席也会失色不少。

主食又称为点心，其有多个品种，如糕、粉、饼、饺、面等。家庭宴客菜中的花样主食一般有两道左右，选取时需要注意咸甜、干湿的适当搭配，既能丰富家宴的内容，又能起到饭菜同食的作用。

餐后甜点是指用餐后提供的甜味小吃，一般不能作正餐使用。甜点种类较多，如蛋糕、面包、饼干、冰淇淋等。甜点在一桌菜肴中所占的比重较小，一般为一道或两道，原料多选用五谷、蔬菜、水果等。

宴客菜的制作关键

选好原料

菜肴的选料可分为主料选择和辅料选择。动物性主料宜选新鲜、细嫩、无筋络、收拾干净的原料，如鸡肉、鱼肉、虾肉等；对于植物性主料，应选择新鲜、脆嫩的蔬菜和菌类等。辅料应对整桌菜肴的色泽和口味起到良好的辅助作用，因此选料时应选新鲜、脆嫩、色泽鲜艳的原料，如玉兰片、青椒、黄瓜、莴笋等。

搭配合理

原料搭配是制作一桌好菜的重要工序，其合理搭配需要注意以下几点：

辅料要服从主料。辅料主要起衬托作用，主辅料要有主次之分，不要喧宾夺主；辅料的味道要与主料相适应，尽量不要用浓厚辅料与清淡主料相配；烹调前应将加工好的主辅料放在同一盘内或紧靠一起，以防烹制时手忙脚乱。另外要有创新意识，不但要掌握传统菜肴的配料方法、标准和要求，而且还要不断拓宽自己的视野，提高审美意识，富于创新，进一步提高烹调技术。

加工精细

原料的加工要精细，这不仅关系到合理用料、减少损耗，而且关系到食物的营养和卫生。如在清洗猪肚时，先用一些碱和食醋反复揉搓，就可去除里外的黏液和异味；家禽宰杀后，煺毛的时机要适宜，不宜太早或太晚。此外，各种原料经过刀工处理，都应整齐、均匀、利落，以免影响菜肴的美观和质量。

掌握火候

火候是指做菜加热时，掌握火力的大小和时间的长短。由于原料的质地有老嫩、软硬，形状有大小、厚薄之分，要求的口味也有差异，这就需要掌握好火候，采用最佳的火力和加热时间。一般来说，火候大体可分为大火、中火、小火、微火等。

调味适当

调味就是在原料加热前、加热中或加热后放入调味料，使菜肴具有丰富口味。调味是烹调技术中最为重要的环节，调味的好坏，对菜肴口味起着决定性作用。调味所使用的调味料主要分为基本味和复合味两类，而调味的方法又分为烹调前调味、烹调中调味和烹调后调味三种。调味适当可以使无味的原料增加滋味，以满足食用者的不同口味和需求。

宴客菜的十大技法

拌

拌菜是将生料或熟料，加工成较小的丁、丝、片、块、条或特殊形状，再用调味品拌制而成。拌菜具有用料广泛、制作精细、味型多样、品种丰富、开胃爽口、增进食欲等特点，为家庭中比较常用的烹调技法。

拌菜在刀工处理上要整齐，如切条时长短大体要一致，切片时厚薄要均匀，切丝时粗细要相同，这样既能均匀入味，又整齐美观，令人望而生津，增进食欲。

拌生菜必须注意卫生。因为蔬菜在生长过程中，常常沾有农药等物质，所以应冲洗干净，必要时要用开水或果蔬清洁剂冲洗。此外，还可用醋、蒜等杀菌调料。如是活虾、生蚝等，更应注意清洗干净。

拌菜要避免菜色单一，缺乏香气。如黄瓜丝拌海蜇，加点海米，使绿、黄、红三色相间，甚是好看；小葱拌豆腐一青二白，看上去清淡素雅，如再加入少许香油，便可达到色香俱佳的效果。

制作拌菜的厨具要严格消毒，菜刀、菜板要保证生熟分开，不得混用。厨具要经常用热水冲烫、刷洗，以消除细菌。

醋是拌菜中的主要调味品，由于醋酸的作用，过早加入醋会使鲜绿蔬菜变成黄色，所以凉拌蔬菜最好在上桌时再加入醋。

卤

卤是指将加工过的原料放入卤汁中，加热煮熟或煮烂，使卤汁的鲜香滋味渗透到原料内部的一种烹调方法。

卤制菜肴时，卤汁以淹没原料为佳，使原料全部浸泡在卤汁中煮制，并要勤翻动，使原料受热均匀。

卤制的原料很多，任何一种原料处理不好，都会给卤汁带来影响，特别是动物性原料，在入锅前的初步加工是不能马虎的。卤制的原料该洗净的要洗净，该切除的要切除，该焯水的要焯水，且一定要将动物性原料中的血污彻底清除。

每次卤制原料后（特别是荤料），不免有血污、浮沫等，都需要用勺子将这些杂物撇净，否则下次使用时卤汁浑浊，容易上色，夏季时卤汁还容易变味。

卤菜的口味要根据原料在卤汁中时间长短来加盐(或其他调味品)调味，如牛肉在卤汁中时间较长，放盐要少，卤汁的口味要淡些。再如卤鸡内脏，时间短，盐就要多放一些，即卤汁需要咸一点儿，这样才能把口味找准，不能一概而论。

酱

酱是冷菜制作中使用较为广泛的一种烹调方法，也是冷菜中不可缺少的制作方法之一。酱的方法最早是指用酱腌渍原料，为腌渍方法的一种，后来逐渐演变，而成为现在的酱。

酱制前要对原料进行处理，如焯水和初步加工等，以免影响酱汁的色泽以及成品的颜色、光滑度及口味。

酱菜时要根据原料的多少，增添一些水、盐、酱油以及更换新的辛香料。餐饮业有一句俗语："缺什么补什么，缺多少补多少。"就是说汁少加水，口淡加盐、色淡加酱油(或老抽、糖色等)、香味差更换新的辛香料。

酱制过程中，要将血污及浮沫及时撇净。酱完后锅底有沉渣，也要及时过滤，以保持酱汁的清澈。

酱锅要常烧沸，一般春秋季节每隔1~2天烧沸1次；夏季每天烧沸1次（天气最热时，需要1天烧沸2次）；冬季2~3天烧沸1次，以确保酱汁常用不坏。有条件的家庭，可待烧沸的酱汁冷却后，放入冰箱内保存。

炒

炒是将经过初加工的原料放入加有少量油脂的热锅中，以旺火迅速翻拌并且调味，使原料快速成熟的一种烹调方法。炒的分类有很多种，如按原料性质可分为生炒和熟炒；按技法可分为煸炒、滑炒、软炒；按地方菜系可分为清炒、抓炒、爆炒、水炒等。

炒菜时要记住先放糖后加盐，否则食盐的"脱水"作用会妨碍糖渗透到菜里，从而影响菜的口味，使菜肴变得外甜里淡。另外，一般炒菜中糖不宜过量，可以避免过多地摄入糖类，对健康不利。

入锅炒制的原料，不论是切丝、切丁正是切块，都要切得大小一致，这样才能使原料在短时间内均匀受热；炒制时需要将不易熟的原料先放入锅中，炒至略熟后，再将容易炒熟的原料一起下锅炒熟，这样可以保证原料成熟一致。

维生素C、维生素B_1等都怕热。据测定大火快炒的菜肴，维生素C仅损失17%，若用小火炒，菜肴里的维生素C将损失50%。所以炒菜要用旺火，这样炒出来的菜肴，不仅色美味好，而且菜肴里的营养损失也少。

蔬菜经过炒制往往变色，怎样让它保持鲜绿色呢？在炒蔬菜时注意要用旺火热油快炒，并且不要盖锅盖。这是因为蔬菜的叶绿素中含有一种不稳定的植物色素，若加热时间过长，叶绿素变成脱镁叶绿素，呈黄褐色，吃起来既不脆嫩可口，维生素也会损失很多。

炸

炸是用多量食用油旺火加热使原料成熟的烹调方法。炸不仅是一种烹调方法，也是其他多种烹调方法的基础，有些烹调方法，如烹、熘等都需要经过炸这一过程。炸菜的种类也有多种，其中常见的有软炸、干炸、板炸、蛋白炸等。

大多数炸菜都需要炸两次，原料第一次入锅的油温约六七成热，第二次入锅的油温在九成左右。第一次炸是为了固定原料的形状，并使热量逐步透入内部，不会出现外煳里生的现象；而第二次炸制，可使原料快速成熟，且能防止菜肴互相粘连，并能达到外焦脆、里软嫩的风味特色。

在调制各种粉糊时，需要让淀粉、面粉、鸡蛋、植物油等充分溶解，糊中杜绝有干粉疙瘩，以防炸制时溅油烫伤。

对于需要事先调味的原料，其调味品用量要适当，既要保证菜肴的基本味道，又要让菜肴的色泽鲜艳亮丽。

投料时需要逐块、逐片分散放入油锅内，速度均匀，并要不断地推动，可有效地防止原料互相粘连的情况。

烧

烧是将经过炸、煎、煮或蒸的原料放入锅中，先用旺火烧沸，再转中小火烧透入味，最后用旺火收汁或勾芡的一种烹调方法。

俗语道：“千烧万炖。”因此烧是各种烹调技法中较为复杂的一种，也是非常讲究火候的，其运用火候的技巧也是精湛的。

制作烧菜的时候，一般需要先将原料进行初步熟处理，原料初步熟处理的方法也是多样的，如走红、过油、焯水等，成品特点是质地软嫩，味道浓郁。家庭要根据菜肴的需要，适当选用一种初步熟处理方法。

带皮的原料，如猪肘、带皮五花肉、带皮羊腿等，在初步熟处理前，要把表面的残毛和污物处理干净，并用清水浸泡，再烧制成菜。

把经过初步熟处理的原料放入锅中，汤汁和调味品要一次加足，加热过程中不宜再加入汤汁，以免影响口味。

火候是制作烧菜的关键之一，在烧制过程中先用旺火烧沸，再改用小火烧煮并保持微沸的状态。

对于一些需要勾芡的烧菜，若汤中的油脂太多，要先把油脂撇出再勾芡，这样可使成菜更加软嫩鲜香。

烹制好的烧菜需要立即出锅，且不能长时间存放。若长时间存放，达不到菜肴要求的色泽，口感也会受影响。

蒸

蒸是一种重要的烹调方法，我国素有“无菜不蒸”的说法。蒸又称屉蒸或锅蒸，为家庭中最为常见的烹调方法之一。蒸是把生料经过初步加工，加上调味品，再以蒸汽加热至成熟和酥烂，具有原汁原味，味鲜汤醇的特色。

蒸法最早起源于陶器时期，距今已有五千年的历史，此后蒸法不断发展，到北魏时，《齐民要术》就专列了蒸篇，介绍了多种蒸菜。两宋时期，蒸法有了更多的变化，至清代出现了干蒸、粉蒸等菜式。

在蒸制多种原料时需要注意，要将不易成熟的原料放在下面，易于成熟的放在上面，以使它们同时成熟；有色的原料放在下面，无色的原料放在上面，以防止串色；无汤汁的菜肴放在上面蒸，有汤汁的放在下面蒸，以防止汤汁溢出影响菜肴质量。

对于整只或质地坚韧的原料，需要采用原气蒸。原气蒸即在蒸制的时候用中火、沸水、足气，上笼加盖必须盖严，盖不严的，要用洁布围边塞紧以防跑气，在蒸制过程中不能掀盖，直至蒸熟。

煮

煮是将生料或经过初步熟处理的半成品，放入多量的汤汁或清水锅内，先用旺火烧沸，再用中火或小火煮熟的一种烹调方法。

煮的应用相当广泛，既可独立制作菜肴，又可与其他烹调法配合制作菜肴，还常用于制作和提取鲜汤，因其加工、食用等方法的不同，煮的成品特点也各异。

煮肉类时块宜大不宜小。肉块切得过小，肉中的蛋白质等鲜味物质会大量溶解在汤中，使肉的营养和鲜味大减。

煮骨头汤时，在水沸后加入少许醋，可使骨头中的磷、钙等矿物质溶解在汤中，这样煮成的汤既味道鲜美，又便于肠胃吸收。

煮制菜肴时不宜用旺火，一般要先把汤汁煮沸，再转用小火或微火慢慢煮制，这样煮出来的菜肴味道更鲜美。

热菜中的煮法以最大限度地抑制原料鲜味流失为目的，所以一般加热时间不能太长，防止原料过度软散失味。

煮菜质感大多以鲜嫩或者软嫩为主，都带有一定汤汁，但大多不勾芡，少数品种勾芡也要勾薄芡，勾芡只是增加汤汁黏性，与烧菜比较，煮菜的汤汁稍宽，属于半汤半菜。

煮牛羊肉时，可在前一天晚上将牛羊肉涂上一层芥末，第二天洗净后加少许醋，或用纱布包少许茶叶与牛羊肉同煮，可使其易熟烂。

煎

“煎炒烹炸”，第一个就是“煎”，可见其在所有烹饪技法中的重要性。煎制菜肴用油比炸少，又有油的香味，营养损失少，外香里嫩，保持原味。煎起源北魏时期《齐民要术》，也是家庭中广泛使用的烹调技法之一。

煎是将原料初步加工成扁平状，平铺入锅，加少量油并用中小火加热，先煎一面，再把原料翻个面煎，也可以两面反复交替煎，油量以不浸没原料为宜，待两面煎成金黄色且酥脆时，调味或不调味，出锅即可的一种烹调方法。

煎菜腌渍入味这一环节很重要。原料成形后要用精盐、料酒、葱姜水等将其腌渍约10分钟。须注意腌渍时应将味调准。如果太咸，不利于最后调味；太淡又可能使成菜底味不足。

煎制菜肴的原料，不管是块、片还是其他形状，刀工处理时都必须形状统一，且大小一致，以便煎时受热均匀，成菜形态美观。

煎制菜肴的时间也是菜肴制作的关键之一，煎制的时间要根据原料灵活掌握，避免出现成品外焦里生的现象。

烩

烩俗称“捞”“红烩”等，是各大菜系中常用的烹调技法之一。烩菜是将加工成片、丝、条、丁、块等形状的各种生料，或者经过初步熟处理的原料，一起放入汤锅里，加入多种调味品，用旺火或中火制成半汤半菜的菜肴。根据成品菜肴的具体要求，烩菜中大部分需要勾芡，少量的不需要勾芡。

烩菜主要从菜肴的色泽或操作方法上加以分类，如从菜肴色泽来分，白颜色的称清烩，红颜色的称红烩。而在操作方法上，烩菜又可分为汤烩、清烩、烧烩和糟烩等。

制作烩菜时要掌握好各种原料入锅的先后顺序，耐热的原料先放，而脆嫩的原料需要后放。

制作烩菜时需要在加热过程中先用中火烧沸，再改用小火慢慢加热至成熟，以保证汤汁的鲜美与口感的融洽。

对有些本身无鲜味或有异味的原料，可先用鲜汤煨制一下，以便于去异增鲜。而对于有些不宜过分加热的原料，可在烩制的后期或出锅前加入，以保证成菜的口感。

烩制的时间一般要比烧、焖、煮等菜肴的时间短，以保持原料的鲜嫩及汤汁的鲜味。

无论是畜肉类原料，还是蔬菜、豆制品，制作烩菜时都必须经过焯水等初步熟处理，以清除原料中的杂质和异味，保证成品的口感。

PART 1 开胃小菜

椒香荷兰豆

原料 调料 荷兰豆350克，花椒5克，精盐1小匙，味精、白糖各少许，香油2小匙

制作步骤

1 将荷兰豆择去两端，撕去豆筋，洗净，放入沸水锅中焯烫至熟，捞出、冲凉，沥水，切成小块，装入碗中。

2 坐锅点火，加入香油烧至五成热，下入花椒，用小火炸出香味，捞出花椒不用，制成热花椒油。

3 将热花椒油浇在荷兰豆上，再加入精盐、味精、白糖拌匀，即可装盘上桌。

芥菜豆瓣酥

原料 调料 芥菜茎400克，蚕豆瓣100克，精盐1/2小匙，酱油1小匙，白糖1大匙，辣椒油、香油各少许，植物油2大匙

制作步骤

1 芥菜茎切成小丁；蚕豆瓣放入沸水锅中煮透，捞出、过凉。

2 锅中加上植物油烧热，放入芥菜丁炒至熟，取出、凉凉，装入玻璃罐内密封12小时。

3 食用时取出芥菜丁，加上蚕豆瓣、酱油、精盐、白糖、香油、辣椒油拌匀即可。

酱泡豌豆

原料 调料 豌豆粒300克，胡萝卜75克，蒜末20克，精盐1/2小匙，味精少许，白糖、米醋各1小匙，辣酱5大匙

制作步骤

1 将豌豆粒洗净；胡萝卜切成1厘米见方的丁，分别放入沸水锅内焯烫一下，捞出、冲凉。

2 将蒜末、辣酱、精盐、白糖、味精、米醋放入碗中调匀，制成腌泡料。

3 将豌豆粒、胡萝卜丁放入容器中，加入腌泡料拌匀，腌渍24小时，食用时取出即成。

黑胡椒毛豆

原料 调料 鲜毛豆200克，葱段25克，姜片10克，八角3粒，黑胡椒粒1大匙，精盐、料酒各少许，白糖、辣椒油、香油各1小匙

制作步骤

1 锅置火上，加入适量清水，放入精盐、料酒调匀，再下入洗净的鲜毛豆、葱段、姜片、八角煮3分钟，捞出毛豆、八角。

2 把毛豆、八角趁热加入黑胡椒粒、辣椒油、香油、少许精盐、白糖拌匀，凉凉后装入容器中，放入冰箱冷藏30分钟即可。

莲藕拌蕨菜

原料 调料 鲜蕨菜200克，莲藕100克，蒜蓉10克，精盐、鸡精、香油各1/2小匙，高汤250克

制作步骤

1 鲜蕨菜去蒂，洗净，切成段，放入净锅内，加入高汤焖煮10分钟，捞出、沥净。

2 莲藕去掉藕节，削去外皮，切成粗丝，放入沸水锅中焯烫至断生，捞出、沥水。

3 将莲藕丝、蕨菜段放入容器中，加入蒜蓉、精盐、鸡精、香油调拌均匀，即可上桌食用。

浪漫藕片

原料 调料 莲藕400克，紫甘蓝250克，柠檬1个，白醋4小匙，蜂蜜2小匙

制作步骤

1 将紫甘蓝洗净，切成小块，放入粉碎机中，加入少许清水打碎，过滤后取紫甘蓝汁，倒入大碗中，加入白醋、蜂蜜搅拌均匀成味汁；柠檬洗净，切成片。

2 莲藕去皮，洗净，切成薄片，放入沸水锅中焯烫至熟，捞出、过凉，沥干水分。

3 把莲藕片放入调好的紫甘蓝汁中，加上柠檬片拌匀、浸泡，放入冰箱中冷藏约2小时，食用时装盘即可。

树椒土豆丝

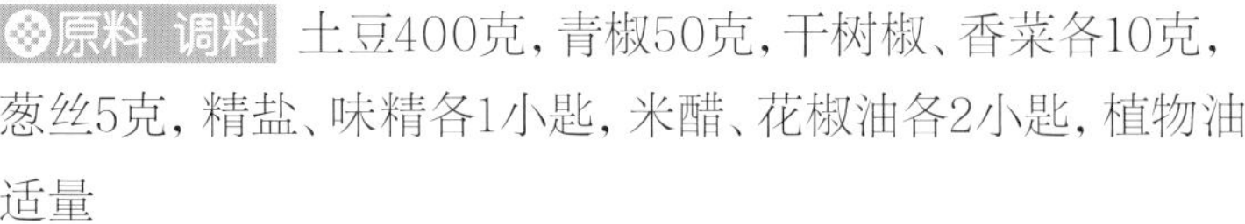

原料 调料 土豆400克，青椒50克，干树椒、香菜各10克，葱丝5克，精盐、味精各1小匙，米醋、花椒油各2小匙，植物油适量

制作步骤

1 土豆洗净、去皮，切成细丝，放入沸水锅中焯烫一下，捞入清水中浸泡10分钟；青椒去蒂、去籽，切成细丝；香菜择洗干净，切成小段。

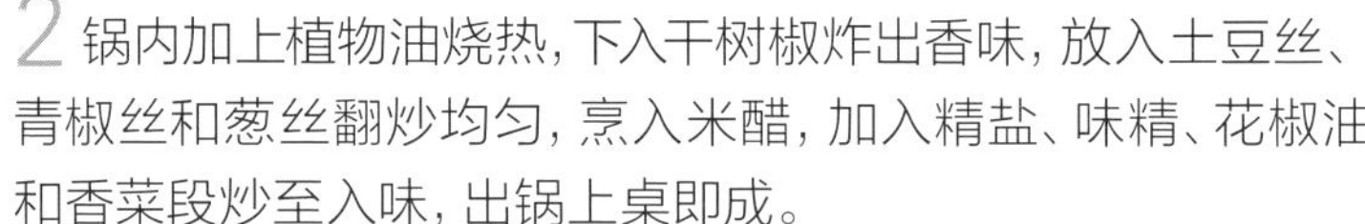

2 锅内加上植物油烧热，下入干树椒炸出香味，放入土豆丝、青椒丝和葱丝翻炒均匀，烹入米醋，加入精盐、味精、花椒油和香菜段炒至入味，出锅上桌即成。

自制朝鲜泡菜

原料 调料 大白菜1棵，韭菜25克，苹果、鸭梨各1个，大蒜50克，姜块75克，辣椒粉250克，蜂蜜4大匙，精盐2小匙

制作步骤

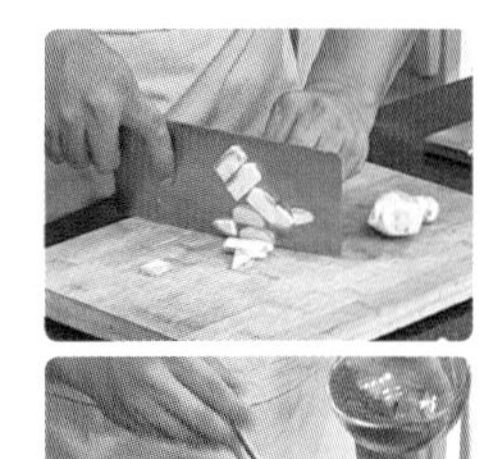

1 大蒜剥去外皮，用清水洗净；韭菜洗净，切成碎末；鸭梨、苹果洗净，削去外皮，去掉果核，切成小块。

2 把鸭梨块、苹果块放入搅拌机中，加入蜂蜜、精盐打成碎末，加入大蒜瓣、姜块和韭菜末，再次打碎成浆，倒在容器内，放入辣椒粉拌匀成腌泡酱。

3 大白菜用清水洗净，先顺切成两半，再把每半切成四条，用手一层一层抹上腌泡酱，码入容器中，盖上盖，置于阴凉处腌泡7天即可。

姜汁空心菜

原料 调料 空心菜400克，胡萝卜50克，姜蓉10克，精盐1小匙，米醋、香油各1/2小匙，植物油2大匙

制作步骤

1 空心菜择取嫩尖，洗净、沥水；胡萝卜削去外皮，洗净，切成细丝。

2 锅中加入清水、少许植物油、精盐烧沸，下入胡萝卜丝、空心菜焯至熟，捞出、沥水。

3 胡萝卜丝、空心菜放入容器中，加入精盐、姜蓉、香油拌匀，装盘后淋入米醋调匀即成。

冰糖冬瓜爽

原料 调料 冬瓜300克，柠檬3片，蜂蜜、冰糖各1大匙

制作步骤

1 冬瓜洗净，去皮及瓤，用挖球器挖成小球，放入沸水锅中煮约10分钟，捞出、过凉，沥水。

2 坐锅点火，加入适量清水，先放入冰糖煮至溶化，再加入蜂蜜搅拌均匀成糖汁。

3 把糖汁倒入容器中凉凉，放入冬瓜球和柠檬片拌匀，放入冰箱内冷藏，食用时取出即可。

椒香扁豆

原料 调料 扁豆250克，大葱10克，花椒5克，精盐1/2小匙，味精少许，香油1小匙，鲜汤3大匙

制作步骤

1 扁豆去掉豆筋、洗净，放入沸水锅中煮至熟，捞出、沥水，凉凉后切成细丝，放入盘中。

2 大葱去根和老叶，切成葱花；花椒炒熟，取出，压成碎末。

3 坐锅点火，加入香油烧热，放入葱花炒香，加入精盐、味精、花椒碎和鲜汤煮沸，浇在扁豆丝上即成。

蓝花金菇

原料 调料 西蓝花400克，金针菇100克，洋葱碎25克，精盐1小匙，白糖、生抽、水淀粉、料酒各2小匙，香油少许，上汤、植物油各3大匙

制作步骤

1 西蓝花掰成小朵，放入加有植物油和精盐的沸水锅中焯烫一下，捞出；金针菇去根、洗净。

2 锅内加上植物油烧热，爆香洋葱碎，加上料酒、精盐、白糖、生抽、香油、上汤煮沸。

3 放入金针菇烧2分钟，加上西蓝花瓣，用水淀粉勾芡，淋入香油，出锅上桌即可。

新派蒜泥白肉

原料 调料 猪五花肉1块，黄瓜150克，芹菜30克，红尖椒20克，大蒜50克，芝麻、精盐各少许，白糖、花椒粉、香油各2小匙，酱油1大匙，辣椒油2大匙

制作步骤

1 芹菜择洗干净，切成细末；红尖椒去蒂及籽，洗净，切成末；黄瓜洗净，用平刀法片成大薄片。

2 大蒜剥去外皮，剁成蒜蓉，加入芹菜末、红尖椒末、辣椒油、香油、芝麻、酱油、花椒粉和白糖调匀成蒜泥味汁。

3 猪五花肉洗净，放入清水锅中烧沸，转小火煮至熟嫩，捞出、凉凉，切成长条薄片，放在黄瓜片上，用筷子卷成筒形，码入盘中，淋上调拌好的蒜泥味汁即可。

黄瓜拌肘花

原料 调料 熟猪肘肉250克，黄瓜100克，酱油1大匙，米醋2大匙，香油2小匙

制作步骤

1 熟猪肘肉切成大片；黄瓜去蒂、洗净，沥水，削去外皮，用刀背稍拍，切成菱形块。

2 先将黄瓜块摆入盘中，再将切好的猪肘肉片码在上面。

3 将酱油、米醋、香油放入小碗中调匀成味汁，浇在猪肘肉片和黄瓜块上即可。

酱卤猪肝

原料 调料 猪肝750克，葱段10克，姜片5克，精盐、酱油各1大匙，料酒2小匙，味精1小匙，香料包1个(花椒、八角、丁香、小茴香、桂皮、陈皮、草果各适量)

制作步骤

1 把猪肝反复冲洗干净，放入清水锅中，加入葱段、姜片煮3分钟，捞出、沥干。

2 净锅上火，加入适量清水，放入精盐、味精、料酒、酱油、香料包煮5分钟成卤水。

3 把猪肝放入热卤水内焐至断生(切开不见血水)，冷却后浸泡至入味，切成大片即可。

蒜蓉腰片

原料 调料 猪腰250克，黄瓜50克，葱段10克，姜片5克，蒜蓉25克，红椒圈少许，精盐、料酒、味精、香油各1小匙，鲜汤1大匙

制作步骤

1 猪腰对剖成两半，去掉腰臊，片成大片，加入精盐、葱段、姜片、料酒拌匀，放入沸水锅中焯至断生，捞出、凉凉。

2 将猪腰片整齐地摆入盘中；黄瓜去皮、洗净，切成骨牌片，放在盘边作装饰。

3 精盐、味精、香油、蒜蓉、红椒圈、鲜汤放入小碗中调匀成味汁，浇在猪腰片上即可。

麻辣猪舌

原料 调料 猪舌500克，香葱花15克，葱段、姜片各少许，精盐、味精、麻椒、香油各1小匙，葱油、辣椒油各2小匙

制作步骤

1 将猪舌放入沸水中焯煮3分钟，捞出、过凉，刮去表面苔垢，切去根部，再冲洗干净。

2 锅中加入清水、葱段、姜片煮沸，下入猪舌，用中火煮至熟透，捞出、沥净，切成片。

3 猪舌片加上精盐、味精、香油、麻椒、葱油、辣椒油拌匀，放在深盘内，撒上香葱花即可。

肉皮冻

原料 调料 猪肉皮200克，胡萝卜50克，香干、青豆各25克，葱段、姜片各10克，桂皮、八角、香叶各少许，精盐、酱油各2小匙，白糖、料酒各2大匙，胡椒粉1小匙

制作步骤

1 将猪肉皮洗涤整理干净，切成丝；胡萝卜去皮、洗净，切成小丁；香干切成小丁。

2 锅中加入清水、葱段、姜片、桂皮、八角、香叶烧沸，再加入精盐、白糖、料酒、酱油、胡椒粉煮10分钟成味汁，去除杂质，放入猪肉皮丝，倒入高压锅内压30分钟。

3 高压锅内放入胡萝卜丁、香干丁、青豆拌匀，出锅倒在容器内凉凉成肉皮冻，食用时取出，切成块，装盘上桌即可。

凉拌牛肉

原料 调料 牛肉500克，葱段50克，姜片30克，葱花10克，酱油、甜面酱各2小匙，生抽、辣椒油各1小匙，香油1/2小匙

制作步骤

1 将牛肉去掉筋膜，洗净，切成大块，放入沸水锅中焯煮3分钟，捞出，洗净血污。

2 把牛肉块放入清水锅内，加入葱段、姜片、酱油烧沸，转小火煮至熟，捞出、凉凉，切成薄片，码放在盘中。

3 将生抽、香油、甜面酱、辣椒油放入小碗中调匀，浇在牛肉片上，撒上葱花即可。

麻辣牛筋

原料 调料 鲜牛蹄筋500克，青椒块、红椒块各25克，葱段、姜片、干辣椒各5克，精盐、味精各1小匙，料酒、辣椒油各1大匙，香油少许，卤水800克，植物油3大匙

制作步骤

1 鲜牛蹄筋去除杂质，用清水洗净，放入净锅内，加入卤水、料酒，先用中火烧沸，再转小火煮约2小时至牛蹄筋软烂，凉凉后捞出，切成薄片。

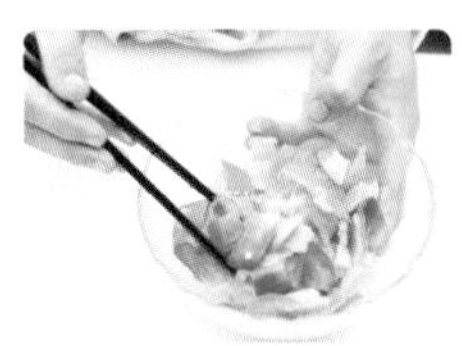

2 锅中加上植物油烧热，下入干辣椒炒香，放入葱段、姜片、牛蹄筋片、青椒块、红椒块、料酒、精盐、味精，不断翻炒至蹄筋入味，出锅、凉凉，加入辣椒油、香油拌匀即可。

酸辣毛肚

原料 调料 鲜毛肚400克，红尖椒块25克，精盐、味精各1/2小匙，米醋、香油各2小匙，辣椒油2大匙

制作步骤

1 将鲜毛肚反复搓洗干净，切成大片，放入沸水锅中焯烫一下，待略微卷缩后，快速放入凉开水中浸凉，沥净水分。

2 把精盐、米醋、味精、辣椒油、香油拌匀成酸辣味汁。

3 将毛肚片、红尖椒块放在容器内，淋上酸辣味汁拌匀即可。

什锦拌肚丝

原料 调料 净牛肚300克，青椒、红椒、胡萝卜各50克，葱段、姜片、蒜蓉各10克，八角2粒，精盐、味精、香油各1小匙

制作步骤

1 净牛肚放入清水锅中，加入葱段、姜片和八角煮至熟，捞出牛肚凉凉，切成细丝。

2 青椒、红椒、胡萝卜分别洗净，切成丝，放入沸水锅内焯烫一下，捞出、过凉，沥水。

3 牛肚丝、青椒丝、红椒丝、胡萝卜丝放入盆中，加入精盐、味精、蒜蓉、香油拌匀即可。

葱油羊腰片

原料 调料 羊腰500克，香菜段少许，葱丝、姜丝、红干椒丝各15克，精盐、料酒各1/2小匙，豉油2大匙，淀粉、葱油、植物油各适量

制作步骤

1 羊腰剖开，去除外膜及腰臊，切成薄片，加入精盐、料酒腌渍2分钟，加上淀粉拌匀，放入油锅内滑至熟，捞出、装盘。

2 豉油浇在腰片上，撒上葱丝、姜丝、红干椒丝及香菜段。

3 坐锅点火，加入葱油烧至九成热，淋在羊腰片上即可。

腰果拌肚丁

原料 调料 熟牛肚250克，腰果75克，净芹菜50克，葱花25克，花椒5克，精盐1大匙，味精、白糖各1小匙，辣椒油2大匙，香油1/2小匙

制作步骤

1 腰果放入清水锅中，加入精盐、花椒烧沸，转小火煮约30分钟至入味，捞出、沥水。

2 净芹菜放入沸水锅焯烫3分钟，捞出、过凉，切成小段；熟牛肚切成1厘米大小的丁。

3 熟牛肚、腰果、芹菜放入碗中，加入葱花、精盐、味精、白糖、辣椒油、香油拌匀即可。

葱油鸡

原料 调料 净三黄鸡1只，大葱、姜块各50克，精盐2小匙，胡椒粉1/2小匙，料酒1大匙，植物油3大匙

制作步骤

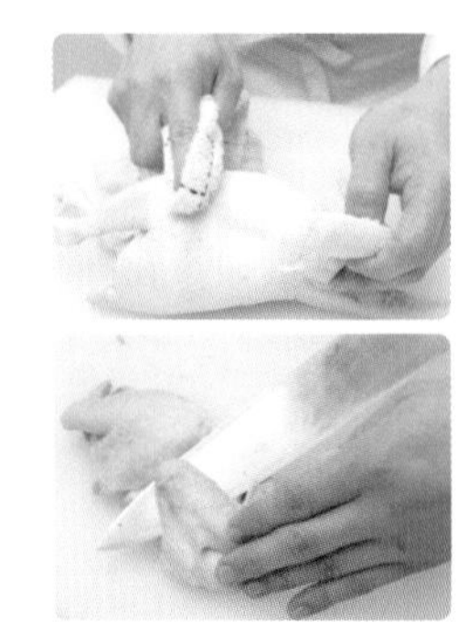

1 将一半的大葱、姜块切成细末，剩余的大葱、姜块切成段；三黄鸡放入清水锅内，加上葱段、姜段烧沸，用小火煮1小时，捞出三黄鸡；汤汁过滤，去杂质成鸡清汤。

2 锅中加上植物油烧热，加入葱末、姜末煸炒出香味，加入少许鸡清汤、料酒、胡椒粉、精盐炒匀成葱油。

3 三黄鸡去骨、取鸡肉，码放在盘内，倒入炸好的葱油，食用时拌匀即成。

盐水鸡片

原料 调料 净鸡胸肉400克，葱段15克，姜片10克，精盐、香油各1小匙，味精、花椒、胡椒粉各1/2小匙，鲜汤100克

制作步骤

1 将葱段、姜片、花椒、胡椒粉、精盐调匀，涂抹在净鸡胸肉上，腌渍1小时。

2 把鸡胸肉放入容器中，加入鲜汤拌匀，放入蒸锅中蒸40分钟，取出、凉凉，用斜刀片成厚片，摆入盘中。

3 蒸鸡的原汤加入味精、香油调匀，淋在鸡肉片上即可。

青红椒泡凤爪

原料 调料 鸡爪（凤爪）750克，青椒块、红椒块各100克，姜丝10克，蒜蓉25克，鸡精1大匙，白糖5大匙，虾酱3大匙，白醋2大匙，辣椒粉2小匙

制作步骤

1 鸡爪放入沸水锅中煮至熟，捞出、过凉，再用清水浸泡12小时。

2 蒜蓉、白糖、虾酱、白醋、鸡精、辣椒粉拌匀成腌泡料。

3 将青椒块、红椒块、鸡爪和姜丝拌匀，抹匀腌泡料，码入泡菜坛中，置于阴凉处腌渍24小时，食用时取出装盘即可。

苹果鸡肉沙拉

原料 调料 鸡胸肉300克，青苹果、土豆、豌豆粒各100克，胡萝卜50克，枸杞子10克，精盐1/2小匙，沙拉酱2大匙，芥末酱1大匙

制作步骤

1 鸡胸肉洗净，切成小丁；土豆、胡萝卜、青苹果分别去皮、洗净，切成小丁；豌豆粒洗净。

2 把鸡肉丁、土豆丁、胡萝卜丁、青苹果丁、豌豆粒放入沸水锅内焯烫至熟，捞出、凉凉。

3 把焯熟、凉凉的原料沥净水分，加上枸杞子、精盐、沙拉酱、芥末酱拌匀即可。

葱油白切鸡

原料 调料 净仔鸡1只，葱丝、姜丝、辣椒丝各10克，精盐、鸡精各1小匙，料酒2小匙，水淀粉少许，葱油1大匙

制作步骤

1 把净仔鸡剁成两半，放入清水锅内煮沸，用中火煮至熟，捞出、凉凉，剁成大块，盛入盘中，撒上葱丝、姜丝和辣椒丝。

2 净锅置火上，滗入少许煮仔鸡的清汤烧沸。

3 放入精盐、鸡精、料酒煮匀，用水淀粉勾芡，浇在仔鸡块上，再淋上葱油即可。

五香扒鸡

原料 调料 仔鸡1只（约1200克），姜片25克，精盐1小匙，酱油1大匙，饴糖2大匙，五香料包1个(丁香、草果、白芷、砂仁、八角各少许)，植物油适量

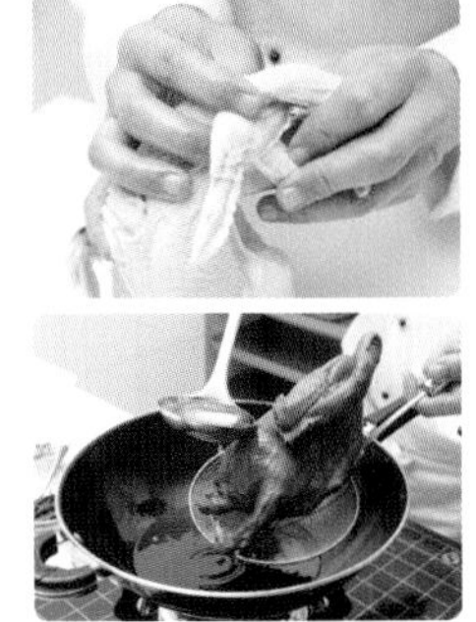

制作步骤

1 仔鸡去除内脏和杂质，用清水漂洗干净，擦净水分，把鸡爪塞入鸡腹中，再将饴糖加入少许清水调匀，涂抹在鸡身上。

2 净锅置火上，放入植物油烧至七成热，加入仔鸡炸至色泽红亮，捞出、沥油。

3 锅中加入清水，放入仔鸡、五香料包、姜片、精盐、酱油烧沸，撇去浮沫，转小火焖煮60分钟至鸡肉熟烂、入味，出锅上桌即成。

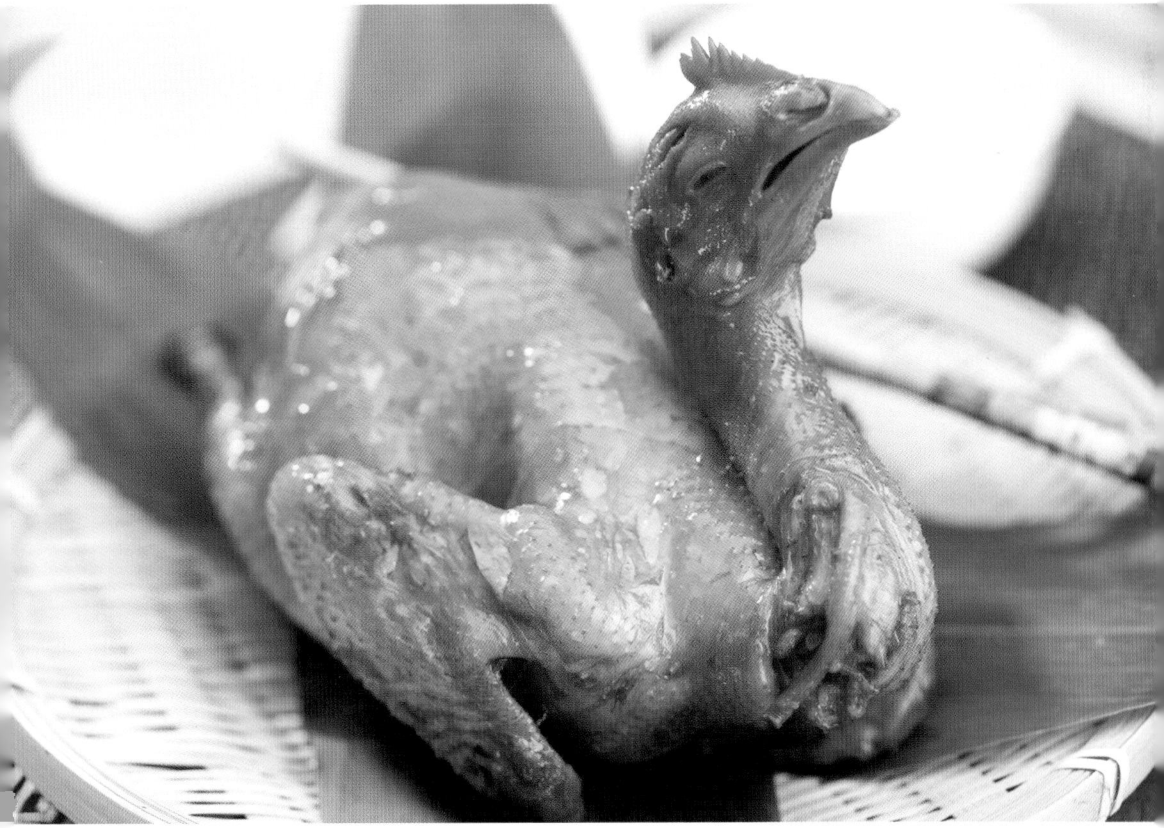

香辣鸭脖

原料 调料 鸭脖500克，葱段、姜片各15克，香叶、丁香、砂仁、花椒、桂皮、八角、草蔻、干辣椒、小茴香、红曲米各少许，精盐、白糖各2小匙，料酒4大匙，香油1大匙

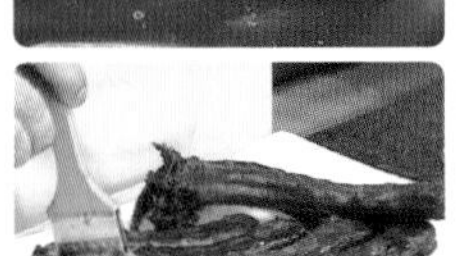

制作步骤

1 将鸭脖去除杂质，洗净，放入容器中，加入少许葱段、姜片和精盐拌匀，腌渍30分钟。

2 锅置火上，放入葱段、姜片、香叶、砂仁、草蔻、小茴香、花椒、丁香、八角和桂皮，加入料酒、白糖、红曲米、干辣椒和适量清水烧沸，熬煮30分钟成卤汁。

3 卤汁里放入鸭脖，用旺火煮20分钟，关火后在汤汁中浸泡至入味，取出、凉凉，刷上香油，剁成块，装盘上桌即成。

美极椒盐鸭舌

原料 调料 鸭舌400克，青椒粒、红椒粒各15克，姜末、蒜片各5克，白糖、椒盐、料酒、淀粉各2小匙，卤水、植物油各适量

制作步骤

1 鸭舌洗净，放入沸水锅内焯烫一下，捞出，再放入卤水锅内卤30分钟，捞出、凉凉，用淀粉抓匀。

2 净锅置火上，放入植物油烧至六成热，倒入鸭舌冲炸一下，捞出、沥油。

3 锅中留底油烧热，下入姜末、蒜片、青椒粒和红椒粒炒香，加入白糖、料酒、椒盐和鸭舌炒匀，出锅装盘即可。

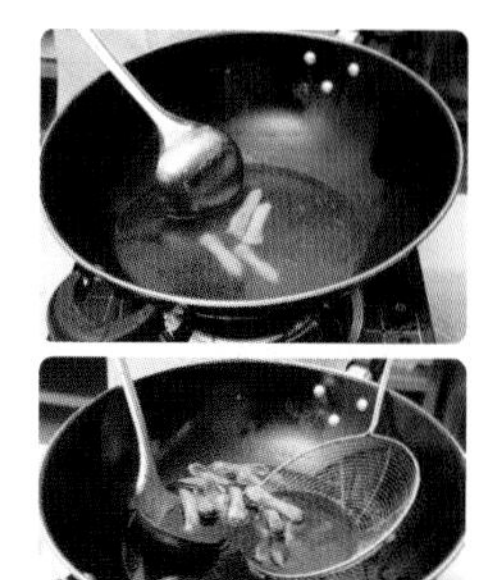

椒麻卤鹅

原料 调料 净鹅肉500克，葱叶30克，花椒10克，精盐、香油各1小匙，味精1/2小匙，植物油2大匙，卤水1000克

制作步骤

1 花椒、葱叶洗净，剁成蓉状，放在碗内成椒麻糊；净鹅肉放入沸水锅内焯烫一下，捞出。

2 锅中加入卤水和鹅肉，用小火卤至熟，捞出、凉凉，切成条，码放在盘中。

3 锅中加上植物油烧热，倒入盛有椒麻糊的碗中，放入精盐、味精、香油调匀成椒麻汁，淋在鹅肉上即可。

泡菜拌豆腐

原料 调料 豆腐400克，泡菜100克，猪肉末、萝卜干各50克，葱花10克，精盐、辣酱、白酒、生抽、香油各1小匙，植物油2大匙

制作步骤

1 豆腐用沸水略焯，捞出、过凉，切成小块；泡菜切成碎粒；萝卜干洗净，切成碎粒。

2 净锅置火上，加入植物油烧热，放入猪肉末炒散，加入萝卜干粒、辣酱、精盐、白酒、生抽、香油炒匀成肉酱。

3 把豆腐块、泡菜碎放入盘中，浇上肉酱，撒上葱花即可。

卤香豆腐

原料 调料 豆腐400克，红辣椒15克，葱丝10克，酱油2大匙，沙茶酱1大匙，豆瓣酱1大匙，香油1小匙，高汤、植物油各适量

制作步骤

1 豆腐切成厚片；红辣椒洗净，去蒂及籽，切成细丝。

2 锅中加上植物油烧至五成热，放入豆腐片炸至表皮稍硬，捞出、沥油。

3 锅中加入高汤、沙茶酱、豆瓣酱、酱油和豆腐块卤20分钟，捞出，放在盘内，撒上红辣椒丝和葱丝，淋上香油即可。

芹菜拌腐竹

原料 调料 水发腐竹300克，芹菜100克，红辣椒丝10克，姜末5克，精盐、味精各1小匙，辣椒油、香油各2小匙

制作步骤

1 水发腐竹切成3厘米长的段，放入沸水锅中焯煮一下，捞出、过凉，挤干水分。

2 芹菜洗净，切成小段，放入沸水锅内焯水，捞出、沥水。

3 水发腐竹段放入大碗中，加入姜末、精盐、味精、辣椒油、香油拌匀，再放入红辣椒丝、芹菜段调拌均匀即可。

酒醉咸鱼

原料 调料 鲜草鱼1条(约1000克)，冬笋片25克，葱段、姜片各少许，花椒15克，精盐150克，白酒适量

制作步骤

1 锅置火上，放入精盐和花椒，用中火翻炒至变色，出锅、凉凉，压碎成花椒盐。

2 鲜草鱼洗涤整理干净，剁去鱼头，从脊背切开至尾部，抹匀白酒和花椒盐，用重物压上，腌渍12小时。

3 将腌好的草鱼用绳子拴好，悬挂在阴凉通风处风干成咸鱼；食用时把咸鱼洗净，剁成块，放入盘中，码上冬笋片、葱段、姜片和白酒，放入蒸锅内蒸40分钟，取出，码盘上桌即可。

酥卤鲫鱼

原料 调料 小鲫鱼1000克，葱段、姜片各25克，精盐1小匙，酱油150克，米醋100克，白糖2大匙，香油2小匙，鲜汤、植物油各适量

制作步骤

1 小鲫鱼洗涤整理干净，在鱼身两侧剞上浅刀纹，下入热油锅内炸至呈金黄色，捞出、沥油。

2 锅中铺入葱段、姜片，摆上鲫鱼，添入鲜汤，加入精盐、白糖、酱油、米醋烧沸。

3 盖上锅盖，用小火焖2小时，改用旺火收浓汤汁，淋入香油，关火、凉凉，装盘上桌即成。

蒜香鱿鱼圈

原料 调料 鲜鱿鱼1000克，红辣椒丝、青椒丝各15克，葱丝、蒜末各10克，生抽、味精、香油、植物油各适量

制作步骤

1 鲜鱿鱼去头、去膜，除去内脏(不开膛)，洗涤整理干净，放入沸水锅中焯至断生，捞出、沥水，切成鱿鱼圈，码放在盘中。

2 锅置火上，加上植物油烧热，下入蒜末炒出香味，放入葱丝、红辣椒丝、青椒丝、生抽、味精、香油炒匀成味汁，浇淋在鱿鱼圈上，食用时拌匀即可。

贝尖拌双瓜

原料 调料 贝尖200克，黄瓜150克，苦瓜100克，姜末、蒜蓉各10克，精盐、香油各1小匙，米醋2小匙

制作步骤

1 贝尖放入温水中泡发并洗去咸涩味；黄瓜去皮、去瓤，切成菱形块，用精盐略腌，沥水。

2 苦瓜洗净，去掉瓜瓤，切成菱形块，放入沸水锅内略焯，捞出、过凉，沥干水分。

3 将贝尖、苦瓜块、黄瓜块放入盘中，加入姜末、蒜蓉、精盐、米醋、香油拌匀即可。

葱油海螺

原料 调料 海螺肉300克，葱叶40克，精盐、味精各1/2小匙，食用碱、白糖各少许，香油1小匙，植物油1大匙

制作步骤

1 海螺肉洗净，片成薄片，放入盆中，加入清水和食用碱浸泡10分钟，下入沸水锅中焯烫至熟，捞出、凉凉，装入盘中。

2 将葱叶切成葱花，放入热油锅内炸出香味，出锅成葱油。

3 葱油碗中加入精盐、味精、白糖和香油，调匀成味汁，浇在海螺肉片上，食用时拌匀即可。

椒麻鱿鱼卷

原料 调料 鲜鱿鱼300克，葱花30克，花椒5克，精盐、味精各1/2小匙，香油1小匙，鲜汤2小匙

制作步骤

1 鲜鱿鱼去头、去膜、除内脏，洗涤整理干净，在内侧剞上十字花刀，放入沸水锅中焯烫成鱿鱼卷，捞出、冲凉，沥水。

2 把花椒放入热锅内煸炒出香味，出锅、凉凉，与葱花一起剁成细末成椒麻糊。

3 椒麻糊放入大碗中，加入精盐、味精、香油、鲜汤调匀成椒麻味汁，加上鱿鱼卷拌匀，装盘上桌即可。

鲜虾炝豇豆

原料 调料 河虾150克，豇豆、胡萝卜、熟玉米粒各50克，花生碎少许，蒜末、姜末各15克，精盐、味精、胡椒粉、香油各1小匙，白糖、米醋、料酒、酱油各1大匙，植物油适量

制作步骤

1 豇豆洗净，切成小段，放入加有少许精盐、白糖的沸水锅中焯烫一下，捞出、沥水；胡萝卜去皮，切成小条，放入沸水锅中焯烫一下，捞出、过凉，沥干水分。

2 河虾洗净，放入热油锅中炒干水分，放入熟玉米粒炒匀，出锅、装碗，加入姜末、精盐、味精、米醋、酱油、白糖、胡椒粉、香油、料酒调拌均匀。

3 锅中加上植物油烧热，下入蒜末炒香，放入豇豆段、胡萝卜条略炒，放入拌匀的河虾、花生碎炒匀即可。

卤水手抓虾

原料 调料 青虾500克，干辣椒15克，葱段、姜片、蒜末、八角、花椒各10克，香叶、陈皮各5克，草果2粒，高汤150克，白糖、味精、豆瓣酱各2大匙，植物油适量

制作步骤

1 将青虾洗净，从脊背处取出虾肠，放入烧至七成热的油锅中冲炸一下，捞出、沥油。

2 锅中留少许底油烧热，放入葱段、姜片和干辣椒炒香，添入高汤煮沸，加入八角、花椒、香叶、陈皮、草果、白糖、味精和豆瓣酱烧沸。

3 用小火煮约10分钟成卤水汁，关火、凉凉，放入青虾浸卤至入味，装盘上桌即成。

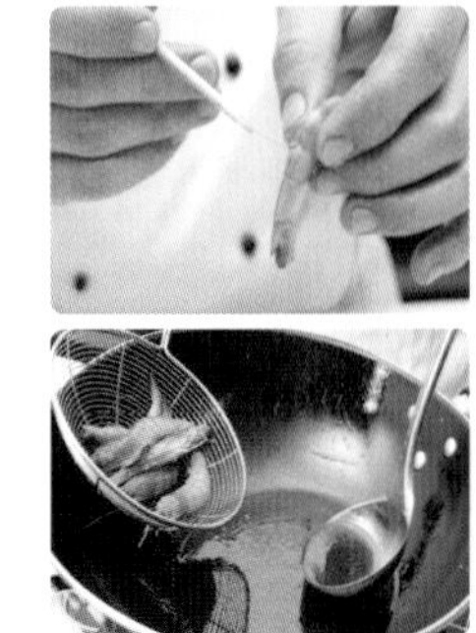

XO酱鲜贝

原料 调料 活扇贝1000克，精盐1小匙，味精少许，XO酱2大匙，白糖1/2小匙，老汤2大匙

制作步骤

1 活扇贝放入淡盐水中浸泡，吐净腹中泥沙，去壳、取肉，除去内脏，洗涤整理干净，放入沸水锅内焯烫一下，捞出、沥水。

2 坐锅点火，添入老汤，放入XO酱烧沸，再加入精盐、味精、白糖煮匀，制成XO酱汁。

3 将扇贝肉放入XO酱汁中，用小火酱10分钟，出锅装盘即成。

香葱拌蚬子

原料 调料 蚬子肉400克，香葱100克，红辣椒15克，蒜蓉10克，精盐、鸡精各1小匙，米醋、香油各2小匙

制作步骤

1 将蚬子肉择去杂质，留下蚬尖，冲洗干净，放入沸水锅中焯烫一下，捞出、冲凉，挤干水分。

2 香葱择洗干净，切成小段；红辣椒洗净，去蒂，切成丝。

3 将香葱段、辣椒丝、蚬子尖放入容器中，加入精盐、鸡精、米醋、蒜蓉和香油拌匀至入味，直接上桌即成。

凉粉拌鳝丝

原料 调料 净鳝鱼肉200克，凉粉100克，熟芝麻、香菜段各10克，精盐、味精、米醋各1小匙，白糖、花椒粉、香油各少许，豉油豆瓣、辣椒油各1大匙

制作步骤

1 凉粉切成粗丝，装入盘中垫底；锅中加入清水和净鳝鱼肉焯煮至熟，捞出、冲凉，切成粗丝，放在凉粉上。

2 将精盐、味精、米醋、白糖、辣椒油、香油、花椒粉、豉油豆瓣放入小碗中调成味汁。

3 把味汁淋在鳝鱼、凉粉上，再撒上熟芝麻、香菜段即可。

青豆拌海蜇

原料 调料 水发海蜇皮150克，青豆100克，青椒丝、红椒丝各30克，香菜段20克，精盐、味精各1小匙，米醋2小匙，香油1大匙，植物油少许

制作步骤

1 水发海蜇皮用温水浸泡，洗去泥沙和盐分，切成小块，放入沸水锅内焯烫一下，捞出、过凉；青豆放入沸水锅中，加入少许植物油焯至熟，捞出、浸凉。

2 将海蜇皮、青豆、青椒丝、红椒丝、香菜段放入盆中，加入精盐、味精、米醋、香油调拌均匀，装盘上桌即成。

韩式辣炒鱿鱼

原料 调料 鲜鱿鱼1个，洋葱条、青椒丝、红椒丝、韭菜段各30克，芝麻5克，葱段、姜块各15克，蒜瓣10克，精盐、味精各1小匙，韩式辣酱1大匙，香油、植物油各少许

制作步骤

1 鲜鱿鱼撕去皮膜，洗净，把鱿鱼身切成条，鱿鱼须切成段，全部放入沸水锅中焯烫一下，捞出、沥水；葱段、姜块洗净，切成末；蒜瓣去皮，洗净，剁成蒜蓉。

2 碗中加入葱末、姜末、蒜蓉、韩式辣酱、香油、精盐、味精搅拌均匀成味汁。

3 锅内加上植物油烧热，放入洋葱条、青椒丝、红椒丝、鱿鱼、韭菜段炒匀，烹入味汁炒至入味，撒上芝麻即可。

PART 2

四喜元宝狮子头

原料 调料 猪肉末400克，鸡蛋2个，咸鸭蛋黄、咸鸭蛋清各4个，净油菜100克，荸荠碎25克，葱末、姜末、葱段、姜片各5克，胡椒粉少许，酱油、味精各1小匙，料酒、水淀粉、面粉各1大匙，香油、植物油各适量

制作步骤

1 猪肉末、葱末、姜末、胡椒粉、香油、料酒、咸鸭蛋清调匀，磕入鸡蛋，加上荸荠碎和面粉搅拌均匀成馅料，包裹上咸蛋黄成丸子状，放入油锅中冲炸一下，取出、装盘。

2 锅中留底油烧热，放入葱段、姜片、料酒、酱油、胡椒粉、味精和清水烧沸，倒入丸子盘中，入锅蒸至熟，取出。

3 把蒸丸子汤汁滗入锅内，加上净油菜烧沸，用水淀粉勾芡，淋上香油，浇在蒸好的丸子上即可。

烧蒸扣肉

原料 调料 带皮五花肉500克，油菜心100克，葱段、姜片各10克，精盐、味精各1小匙，料酒、酱油各2大匙，白糖2小匙，糖色、植物油各适量

制作步骤

1 带皮五花肉放入清水锅内煮至八分熟，捞出，抹上糖色，下入油锅内炸至上颜色，捞出、沥油。

2 五花肉切成大片，码入大碗内，加入料酒、酱油、精盐、白糖、味精、葱段、姜片和清水。

3 五花肉片放入蒸锅内，用旺火蒸45分钟至熟，取出，扣在焯烫好的油菜心盘内即成。

板栗红烧肉

原料 调料 带皮五花肉750克，板栗肉200克，葱段15克，姜片、桂皮各10克，八角3粒，精盐、味精各2小匙，酱油1大匙，料酒、水淀粉、鸡汤各2大匙，植物油适量

制作步骤

1 带皮五花肉洗净，切成大块，加上酱油拌匀、上色，放入热油锅中略炸，捞出、沥油。

2 锅中留少许底油烧热，下入葱段、姜片炒香，烹入料酒，加入酱油、鸡汤、猪肉块、精盐、味精、八角、桂皮烧沸。

3 然后转小火焖烧至八分熟，加入板栗肉，继续烧10分钟，用水淀粉勾芡，出锅上桌即成。

咸烧白

原料 调料 带皮五花肉750克，净芽菜段200克，青蒜段15克，葱段、姜片各10克，八角、花椒各少许，酱油、白糖、味精、豆瓣酱、植物油各适量

制作步骤

1 带皮五花肉放入沸水锅中煮至八分熟，捞出，趁热抹上酱油，下入热油锅内冲炸一下，捞出、凉凉，切成片，码入碗中。

2 把净芽菜段、豆瓣酱和青蒜段放入锅内略炒，倒入盛有带皮五花肉片的碗内。

3 碗内再加入酱油、白糖、味精、姜片、八角、花椒、葱段，入锅蒸2小时，扣入盘中即可。

金牌扣肉

原料 调料 猪五花肉400克，净梅干菜50克，酱油2大匙，白糖1大匙，精盐、味精各少许，水淀粉适量

制作步骤

1 猪五花肉洗净，切成大块，放入清水锅中，加入酱油、白糖煮至熟，捞出、凉凉。

2 将猪五花肉块切成连刀片，码入大碗中，撒上净梅干菜，入锅蒸至蒸透，取出，扣入盘中。

3 将煮肉的原汁滗入锅内，加上精盐、味精烧沸，用水淀粉勾芡，淋在蒸肉上即可。

豆豉千层肉

原料 调料 带皮五花肉750克，葱段50克，姜丝25克，精盐1大匙，味精1/2大匙，酱油3大匙，豆豉5大匙，白糖、料酒各2大匙，清汤、植物油各适量

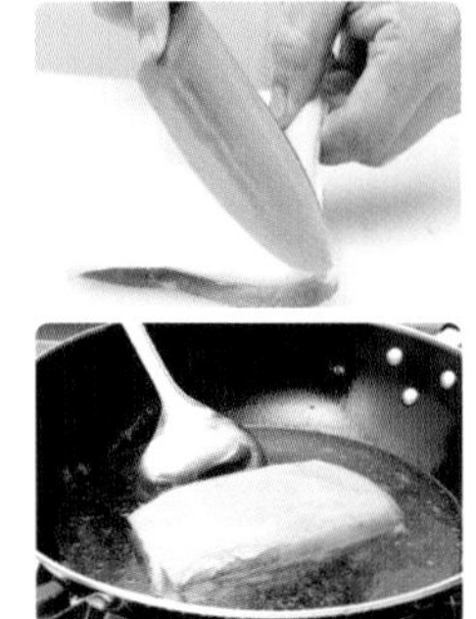

制作步骤

1 带皮五花肉刮净残毛，冲洗干净，放入清水锅中，用中火煮至六分熟，捞出五花肉，沥净水分。

2 净锅置火上，加上植物油烧至六成热，放入带皮五花肉块炸上颜色，捞出、凉凉，切成大薄片，装入碗中。

3 将豆豉放在容器内，加上葱段、姜丝、精盐、酱油、料酒、味精、白糖、清汤调匀成味汁，倒入盛有猪肉片的碗中，入笼蒸30分钟至熟香，取出，扣入盘中即可。

百花酒焖肉

原料 调料 带皮猪肋肉1000克，葱段、姜片各15克，精盐2小匙，白糖、酱油各1大匙，百花酒3大匙

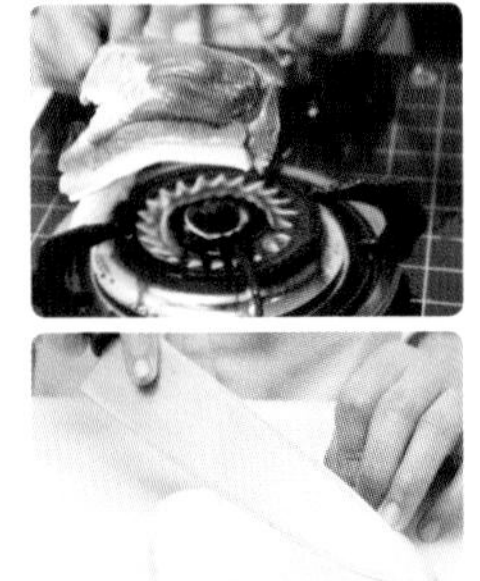

制作步骤

1 带皮猪肋肉洗净，皮面朝下在火上烤至焦黑，再放入温水中泡软、刮净，切成大小均匀的12个方块，在每块肉皮上剞上十字花刀。

2 取砂锅一只，内垫竹箅，放入葱段、姜片和猪肉块，加入百花酒、白糖、精盐，置旺火上烧沸，再加入清水、酱油，盖上锅盖，用小火焖1小时至酥烂，然后转旺火收汁，拣去葱、姜，装盘上桌即成。

榨菜狮子头

原料 调料 猪肉末500克，榨菜、水发香菇各75克，荸荠、油菜心各30克，枸杞子少许，鸡蛋1个，葱末、姜末各15克，精盐、味精、胡椒粉各1小匙，料酒、香油、植物油各1大匙

制作步骤

1 油菜心洗净，切成小段；荸荠洗净，用刀拍碎；水发香菇洗净，切成小块；榨菜洗净，切成细丝。

2 猪肉末放入碗中，磕入鸡蛋，加上精盐、味精、料酒、香油和胡椒粉，放入葱末、姜末、荸荠碎、榨菜丝搅至上劲，团成大丸子形状。

3 锅中加上植物油烧热，放入葱末、姜末炒香，加入适量清水烧沸，放入大丸子，盖上锅盖，转小火炖煮2小时至熟透，放入油菜心、香菇块和枸杞子烧沸，出锅装碗即可。

豆豉蒸排骨

原料 调料 猪排骨500克，小油菜30克，香葱花10克，精盐、蚝油、豆豉、料酒各1小匙，植物油2大匙

制作步骤

1 将猪排骨剁成块，加入蚝油、豆豉、精盐、料酒拌匀，腌渍5分钟；小油菜洗净，放入沸水锅中焯烫一下，捞出，码放在容器内。

2 将腌好的排骨块放入蒸锅中，用旺火蒸25分钟，取出排骨，摆在小油菜上，撒上香葱花。

3 坐锅点火，加上植物油烧至九成热，浇淋在猪排骨上即可。

叉烧排骨

原料 调料 猪排骨500克，小油菜150克，熟芝麻少许，葱段15克，姜片10克，精盐、味精、白糖、料酒各2小匙，腐乳、番茄酱、植物油各适量

制作步骤

1 小油菜洗净，用沸水焯烫一下，捞出，摆入盘中垫底。

2 猪排骨剁成小段，加入腐乳、葱段、姜片、白糖、精盐、味精、料酒拌匀，腌渍6小时，下入热油锅中煎至表面酥脆，捞出。

3 锅内留少许底油烧热，放入番茄酱、腌排骨的汁、排骨段及适量清水烧焖至排骨熟透，放在小油菜上，撒上熟芝麻即可。

红烧肘子

原料 调料 猪肘子1个，葱段、姜片、五香料、精盐、味精各少许，酱油2大匙，白糖1小匙，料酒5大匙，水淀粉、鲜汤、植物油各适量

制作步骤

1 猪肘子刮洗干净，放入锅中，加入五香料、精盐、料酒、酱油、白糖、鲜汤煮30分钟，取出。

2 把猪肘下入油锅中炸至上颜色，放在盆内，加上葱段、姜片和鲜汤，上屉蒸烂，取出、装盘。

3 将蒸猪肘子的汤汁滗入锅内，加入料酒、味精煮沸，用水淀粉勾芡，浇在猪肘子上即可。

家常肘子

原料 调料 猪肘子1个，葱段、姜片各10克，八角、花椒各3克，酱油2大匙，味精少许，水淀粉1大匙，蜂蜜2小匙，鲜汤、植物油各适量

制作步骤

1 猪肘子刮洗干净，放入清水锅中煮至八分熟，捞出、去骨，抹上蜂蜜，放入油锅内冲炸一下，捞出，肉面剞上十字花刀。

2 肘子肉皮面朝下摆入碗中，放入葱段、姜片、花椒、八角、酱油、鲜汤，上屉蒸至熟烂。

3 肘子肉扣在盘中；蒸肘子的汤汁滗入锅内，加入味精调匀，用水淀粉勾芡，淋在肘子上即成。

香辣美容蹄

原料 调料 猪蹄2个，莲藕50克，芝麻少许，葱花、姜片各10克，蒜片15克，精盐1小匙，料酒、酱油各1大匙，香油2小匙，火锅调料1大块，植物油2大匙

制作步骤

1 猪蹄洗净，剁成大块，放入沸水锅中焯烫一下，捞出、沥水；莲藕削去外皮，去掉藕节，洗净，切成片。

2 净锅复置火上，加入植物油烧热，下入葱花、姜片、蒜片煸炒出香味，出锅垫在砂锅内。

3 锅置火上，加入精盐、火锅调料、料酒、清水和酱油烧沸，倒入高压锅内，放入猪蹄块，置火上压至猪蹄熟嫩，捞出猪蹄，放在垫有葱花、姜片、蒜片的砂锅内，加入莲藕片和焖猪蹄的原汤，上火烧几分钟，淋上香油，撒上芝麻即可。

鱼香猪手

原料 调料 净猪蹄2只(约500克),芥蓝段150克,葱段、姜块各15克,精盐、白糖、米醋各少许,料酒、酱油、豆瓣酱各2大匙,植物油4大匙

制作步骤

1 净猪蹄剁成大块,用清水洗净,再放入清水锅中,加入葱段、姜块和料酒煮40分钟至熟。

2 锅中加上植物油烧热,放入芥蓝段、精盐略炒,码在盘内垫底。

3 锅内加上植物油烧热,下入豆瓣酱爆香,放入猪蹄块、清水、白糖、米醋、酱油烧至入味,出锅,盛在芥蓝段上即可。

焖黑椒猪手

原料 调料 猪蹄(猪手)500克,油菜心50克,葱段、姜片各15克,桂皮、八角、花椒、精盐、味精各少许,白糖1小匙,酱油、料酒、黑椒汁、植物油各适量

制作步骤

1 把油菜心放入沸水锅内,加上少许精盐焯透,捞出、装盘。

2 猪蹄刮洗干净,剁成大块,加上桂皮、八角、花椒、葱段、姜片、酱油、白糖拌匀,腌渍10分钟。

3 锅内加上植物油烧热,放入猪蹄块煸炒,放入精盐、味精、料酒、黑椒汁焖1小时至猪蹄块熟香入味,倒在油菜心上即成。

金针粉丝肥牛

原料 调料 肥牛片300克，金针菇、水发粉丝、豆苗各100克，榨菜末25克，精盐、白糖、酱油、辣椒酱、香油各2小匙，胡椒粉1/2小匙

制作步骤

1 豆苗洗净，用沸水略烫，捞出、沥水，放在深盘内垫底；金针菇去蒂，洗净。

2 锅中加入清水、辣椒酱、酱油、精盐烧沸，下入金针菇、水发粉丝、肥牛片焯煮至熟，捞出，码放在盛有豆苗的深盘内。

3 锅中加上榨菜末、精盐、酱油、白糖、胡椒粉炒匀，浇在肥牛片上，淋上香油即可。

大蒜烧牛腩

原料 调料 牛腩400克，洋葱块、青椒块、红椒块、净蒜瓣各30克，精盐、鸡精、白糖、胡椒粉各少许，水淀粉、酱油、料酒各1大匙，植物油适量

制作步骤

1 牛腩切成2厘米大小的块，加入少许精盐和水淀粉拌匀，放入油锅中冲炸一下，捞出、沥油。

2 锅中留少许底油烧热，下入净蒜瓣、洋葱块、青椒块、红椒块和牛腩块爆炒片刻。

3 烹入料酒，加入精盐、鸡精、酱油、白糖、胡椒粉炒匀，用水淀粉勾芡，出锅上桌即成。

杭椒牛柳

原料 调料 牛里脊肉(牛柳)300克，杭椒150克，鸡蛋1个，精盐、味精、鸡精各1/2小匙，料酒2大匙，淀粉1大匙，嫩肉粉、水淀粉、香油各1小匙，植物油适量

制作步骤

1 牛里脊肉洗净，切成小条，放在碗内，磕入鸡蛋，加入味精、鸡精、料酒、嫩肉粉、淀粉抓匀、上浆；杭椒洗净，切去两端。

2 锅中加上植物油烧至六成热，下入牛肉条滑至熟，捞出、沥油；油锅内再放入杭椒滑至翠绿，捞出。

3 锅中留少许底油烧热，放入杭椒、牛柳条、精盐、味精、鸡精、料酒炒匀，用水淀粉勾芡，淋入香油即可。

酒香红曲脆皮鸡

原料 调料 鸡腿肉400克，芹菜粒、红尖椒粒15克，熟芝麻、香葱末各10克，鸡蛋2个，精盐1/2大匙，味精、胡椒粉各1/2小匙，面粉、红曲粉各2大匙，白酒4小匙，植物油适量

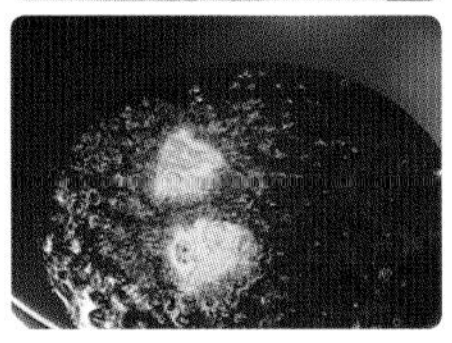

制作步骤

1 红曲粉放入碗中，加入热水拌匀成红曲粉水；鸡腿肉切成块，加入白酒、精盐、胡椒粉拌匀，腌渍5分钟；鸡蛋磕入碗中，加入面粉、少许植物油和红曲粉水搅匀成软炸糊。

2 净锅置火上，加入植物油烧至六成热，将鸡腿块裹匀软炸糊，放入油锅内炸至熟脆，捞出、沥油。

3 锅置火上，放入鸡腿块、香葱末、芹菜粒、红尖椒粒煸炒均匀，烹入少许白酒，撒入熟芝麻，加入精盐、味精炒匀，出锅上桌即可。

特色蒸鸡

原料 调料 净仔鸡1只，香菜末15克，葱段、姜片、香茅草各10克，葱丝、姜丝、葱末、姜末、辣椒丝各少许，精盐1小匙，料酒1大匙，沙姜粉2小匙，植物油2大匙

制作步骤

1 把净仔鸡放入沸水锅中，加入葱段、姜片、香茅草焯烫5分钟，捞出，换清水冲净，擦净表面水分。

2 精盐、料酒、葱丝、姜丝、辣椒丝放在小碗内拌匀，涂抹在仔鸡上，腌渍10分钟，再把仔鸡放入蒸锅内，上屉蒸30分钟，取出，剁成块，码放在盘内，撒上香菜末。

3 把葱末、姜末、沙姜粉、精盐放入小碗中拌匀，浇入烧至九成热的植物油冲炸出香味，淋在仔鸡上即成。

香煎鸡腿

原料 调料 鸡腿1只，洋葱50克，精盐、白糖、胡椒粉、鲜露、料酒、酱油各1小匙，植物油2大匙

制作步骤

1 将鸡腿去净绒毛，洗净，加上精盐、白糖、胡椒粉和料酒拌匀，腌渍30分钟；洋葱去皮、洗净，切成细丝。

2 铁板置火上烧热，加上少许植物油，放入洋葱丝炒香。

3 锅中加上植物油烧热，下入鸡腿、酱油、鲜露煎至熟香，出锅，盛在铁板洋葱丝上即可。

香辣三黄鸡

原料 调料 净三黄鸡半只，土豆块、宽面条各100克，彩椒块50克，葱段、干辣椒段、麻椒各10克，精盐、料酒、白糖、酱油、辣椒酱、植物油各适量

制作步骤

1 净三黄鸡剁成大块，放入热油锅中炒至变色，加入精盐、酱油、葱段、干辣椒段、辣椒酱、白糖、麻椒、料酒和适量清水烧至沸。

2 把鸡块倒入砂锅中，放入土豆块，用小火焖炖20分钟。

3 宽面条放入清水锅内煮至熟，捞入砂锅中，加上彩椒块，用小火再焖几分钟即成。

三宝蒸鸡

原料 调料 净鸡腿1只，净冬瓜100克，栗子、莲子、红枣各50克，葱段、姜片各10克，精盐1/2大匙，白糖1小匙，酱油3大匙，料酒1大匙

制作步骤

1 净鸡腿剁成大块，加入葱段、姜片、精盐、白糖、酱油、料酒拌匀，腌渍30分钟。

2 净冬瓜切成厚片，栗子去除皮膜，放入清水锅中煮10分钟，捞出；莲子浸泡30分钟，捞出、沥水。

3 把鸡腿块、冬瓜片、栗子、莲子、红枣码放在盘内，入锅蒸至鸡腿熟透，取出上桌即成。

荷叶粉蒸鸡

原料 调料 净仔鸡1只，鲜荷叶1张，熟糯米粉200克，香葱末10克，葱花15克，姜片5克，豆瓣酱2大匙，酱油2小匙，花椒粉、白糖、味精、香油、辣椒油各1小匙

制作步骤

1 净仔鸡剁成大块，放入沸水中焯烫一下，捞出、沥水，加入豆瓣酱、葱花、姜片、花椒粉、白糖、味精、酱油、少许香油和熟糯米粉充分拌匀。

2 鲜荷叶放入沸水锅内焯烫一下，捞出，放在蒸笼中铺好，摆上鸡块，放入蒸锅内蒸至熟，撒上香葱末，淋上辣椒油即可。

红枣花雕鸭

原料 调料 仔鸭半只，红枣35克，大葱15克，姜块10克，精盐2小匙，冰糖20克，老抽适量，花雕酒2大匙

制作步骤

1 红枣用温水浸泡片刻，取出，去掉枣核；仔鸭洗涤整理干净，剁成大块，放入沸水锅中焯烫一下，捞出、沥水。

2 将大葱择洗干净，切成小段；姜块去皮，用清水洗净，切成小片。

3 将仔鸭块放入热锅中炒干水分，放入葱段、姜片煸炒出香味，加入花雕酒、老抽、冰糖及泡红枣的温水炖25分钟至鸭块熟烂，放入红枣，加入精盐调好味，出锅上桌即可。

秘制啤酒鸭

原料 调料 净鸭1只(约1500克)，水发香菇100克，桂皮、小葱、姜片、干辣椒各少许，精盐、味精、白糖各1小匙，酱油2大匙，啤酒适量

制作步骤

1 把净鸭放入清水锅中，加入姜片、干辣椒、桂皮煮5分钟，取出，将水发香菇塞入鸭腹中，用小葱封口。

2 净锅置火上，放入鸭子、啤酒、酱油、白糖、干辣椒、姜片、桂皮烧沸，用中火烧焖至汤汁红亮、鸭肉熟香时，加入精盐、味精调匀，出锅上桌即可。

莲子清蒸鸭

原料 调料 净鸭1只(约1500克)，水发莲子100克，葱段15克，姜片10克，精盐、料酒各2大匙，鸡精、胡椒粉各少许，清汤2000克

制作步骤

1 把净鸭放入沸水锅内焯烫一下，捞出，擦净水分，用精盐、料酒抹匀净鸭内外，再把葱段、姜片塞入鸭腹，腌渍3小时。

2 砂锅中放入清汤和鸭子，入锅蒸40分钟,取出，剁成小块。

3 将鸭块和水发莲子放入砂锅中，入锅再蒸20分钟，加入鸡精、胡椒粉调好口味即可。

麒麟鸭子

原料 调料 鸭胸肉400克，香菇、胡萝卜、火腿各100克，精盐、水淀粉、料酒、熟鸡油各1小匙，酱油1大匙，鸡汤250克

制作步骤

1 鸭胸肉加上精盐、料酒拌匀，腌渍30分钟，放入沸水锅内煮20分钟，捞出、凉凉；火腿、胡萝卜、香菇洗净，均切成片。

2 把熟鸭肉切成片，两片鸭肉中夹入一片香菇、火腿、胡萝卜，依次摆盘，加入鸡汤蒸20分钟，取出；把鸡汤、熟鸡油、酱油和水淀粉炒匀成芡汁，浇淋在鸭肉片上即可。

汽锅酸菜鹅

原料 调料 鹅腿、酸菜各300克，水发粉丝50克，精盐、味精、胡椒粉、鸡精各1小匙，熟鸡油2大匙，鲜汤500克

制作步骤

1 鹅腿去掉绒毛，洗净，剁成大块，放入沸水锅内煮约20分钟，捞出、过凉，沥水；酸菜切成细丝，洗净、攥干。

2 锅中加上熟鸡油烧热，放入酸菜丝炒散，码入汽锅内，加入水发粉丝、鹅肉块、鲜汤、精盐、鸡精，盖严锅盖，入锅蒸20分钟，用味精、胡椒粉调味即可。

大鹅焖土豆

原料 调料 带皮鹅肉500克，土豆300克，葱段、姜片各10克，香葱丝15克，八角2粒，精盐1小匙，酱油、料酒、花椒水各2小匙，味精1/2小匙，葱油3大匙

制作步骤

1 土豆去皮，洗净，切成滚刀块；带皮鹅肉，剁成大块，放入花椒水中浸泡10分钟，再捞入沸水锅中焯烫一下，捞出、沥水。

2 净锅置火上，加入葱油烧至八成热，下入葱段、姜片、八角炒出香味，放入鹅肉块，用中火煸炒5分钟，烹入料酒，加上酱油和适量清水煮沸。

3 转小火焖炖50分钟至近熟，加入精盐，放入土豆块焖至熟软，加入味精，撒上香葱丝，出锅上桌即成。

酒酿鲈鱼

原料 调料 鲈鱼1条，酒酿200克，红尖椒圈少许，葱段、姜片各10克，精盐2小匙，白糖1/2大匙，胡椒粉1/2小匙，水淀粉1大匙，酱油1小匙，植物油适量

制作步骤

1 将鲈鱼洗涤整理干净，擦净水分，两面剞上一字刀深至鱼骨；葱段、姜片放入大碗中，加入精盐拌匀，先擦匀鲈鱼的鱼身，再把碗内料放入鱼腹中腌渍15分钟。

2 锅置火上，加上植物油烧热，将鲈鱼去掉葱段、姜片，放入油锅内煎至熟香、上色，取出、沥油，码放在鱼盘中。

3 净锅置火上烧热，放入酒酿、酱油、精盐、胡椒粉、白糖烧沸，撒上红尖椒圈，用水淀粉勾芡，出锅浇在鲈鱼上即可。

糖醋鲤鱼

原料 调料 净鲤鱼1条(约750克)，姜末15克，葱末、蒜末各10克，精盐1小匙，白醋、白糖各2大匙，番茄酱、酱油、水淀粉、淀粉、清汤、植物油各适量

制作步骤

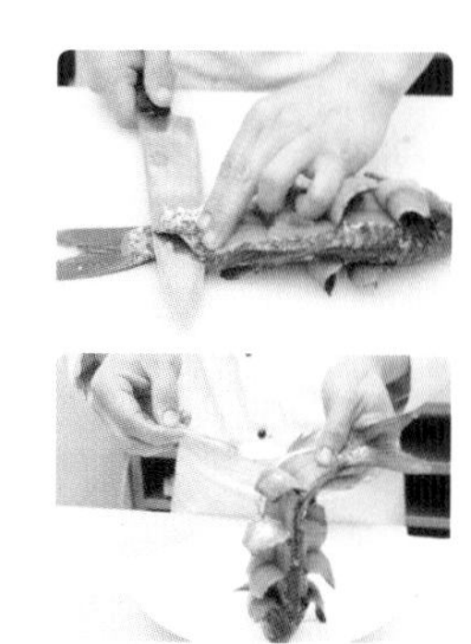

1 在净鲤鱼的鱼身两侧直剞刀纹，提起鱼尾使鱼肉张开，涂抹上精盐略腌，拍匀一层淀粉。

2 净锅置火上，放入植物油烧至七成热，把鲤鱼放入油锅内炸至熟脆，待呈金黄色时捞出，装入盘中。

3 锅中留少许底油烧至六成热，放入葱末、姜末、蒜末、番茄酱、白醋、酱油、白糖、清汤烧沸，用水淀粉勾芡，淋入少许明油，迅速出锅浇在鲤鱼上即可。

剁椒鱼头

原料 调料 鳙鱼头1个(约1200克),剁椒50克,葱花、姜末、蒜末各10克,精盐、蚝油、味精各1小匙,胡椒粉少许,蒸鱼豉油、植物油各3大匙

制作步骤

1 鳙鱼头去掉鱼鳃等杂质,洗净,从中间切开,放在深盘中。

2 锅内加上植物油烧至六成热,下入剁椒、精盐、味精、姜末、蒜末、蚝油、蒸鱼豉油和胡椒粉炒匀,出锅,浇淋在鳙鱼头上。

3 鳙鱼头放入蒸锅中,用旺火蒸10分钟至熟,取出,撒上葱花,淋上少许烧热的植物油即可。

椒盐三文鱼

原料 调料 三文鱼肉200克,青椒块、红椒块各30克,葱花5克,精盐、味精、白糖、胡椒粉、香油各少许,椒盐1大匙,料酒、淀粉、植物油各适量

制作步骤

1 将三文鱼肉切成2厘米见方的块,拍匀淀粉,下入热油锅中炸至熟香,捞出、沥油。

2 锅中留少许底油烧热,下入青椒块、红椒块、葱花炒香,放入三文鱼肉块炒匀。

3 加入精盐、味精、白糖、胡椒粉、料酒翻炒均匀,撒入椒盐、淋上香油即可。

豆瓣鳜鱼

原料 调料 净鳜鱼1条，葱花、姜末各10克，精盐、味精各1/2小匙，酱油、白醋、水淀粉各1大匙，白糖1小匙，料酒、豆瓣酱各2大匙，清汤、植物油各适量

制作步骤

1 净鳜鱼表面剞上十字花刀，涂抹上料酒和精盐，放入热油锅内冲炸一下，捞出、沥油。

2 锅中留底油烧热，下入豆瓣酱、姜末炝锅，放入鳜鱼、料酒、酱油、清汤、白糖、精盐和味精烧沸，用小火烧至熟透。

3 把鳜鱼放在盘内；锅中汤汁用水淀粉勾芡，淋入白醋，撒入葱花，浇在鳜鱼上即可。

什锦鳝丝

原料 调料 净鳝鱼肉150克，胡萝卜丝、白萝卜丝、青笋丝各50克，葱段15克，姜片10克，精盐1小匙，味精1/2小匙，白糖少许，料酒4小匙，香油2小匙，植物油适量

制作步骤

1 把净鳝鱼肉放入沸水锅中，加入姜片、葱段、料酒焯烫至熟，捞出、冲凉，切成丝。

2 把胡萝卜丝、白萝卜丝、青笋丝加入少许精盐拌匀。

3 锅内加上植物油烧热，放入熟鳝鱼丝、胡萝卜丝、青笋丝、白萝卜丝、精盐、味精、白糖、香油翻炒均匀即成。

韭香油爆虾

原料 调料 草虾500克，韭菜80克，熟芝麻少许，姜末10克，精盐1小匙，白糖、米醋各4小匙，番茄酱2大匙，料酒3小匙，酱油1/2小匙，植物油适量

制作步骤

1 将草虾剪去虾枪、虾须，剪开背部去除虾线，洗净；韭菜择洗干净，沥干水分，切成小段。

2 锅置火上，加上植物油烧热，放入草虾冲炸干，捞出；待锅内油温升至八成热时，再放入草虾炸至酥脆，捞出、沥油。

3 锅中留少许底油烧热，下入姜末、番茄酱稍炒，加入料酒、精盐、酱油、米醋、白糖炒匀，放入草虾和韭菜段翻炒均匀，撒入熟芝麻，出锅装盘即可。

香辣大虾

原料 调料 大虾400克，干红辣椒段30克，葱段15克，蒜片10克，花椒3克，酱油2小匙，白糖、白醋、醪糟、番茄酱、淀粉、水淀粉各1小匙，植物油适量

制作步骤

1 大虾洗净，在背部直划一刀，去掉虾线，撒上淀粉，下入油锅内冲炸一下，捞出、沥油。

2 锅中留少许底油烧热，下入花椒、干红辣椒段炒出香辣味，放入葱段、蒜片、大虾略炒。

3 加入白糖、白醋、酱油、醪糟、番茄酱翻炒均匀，用水淀粉勾芡，出锅装盘即可。

串烧大虾

原料 调料 大虾400克，洋葱丝75克，香菜段25克，味精1/2小匙，酱油、白糖、香油各1大匙，米醋3大匙，水淀粉、植物油各适量

制作步骤

1 大虾去掉虾线，洗涤整理干净，用竹扦穿成串，下入热油锅内炸2分钟，捞出、沥油。

2 锅中加入底油烧热，放入米醋、酱油、白糖、味精炒匀，用水淀粉勾芡，淋入香油成芡汁。

3 将铁板置火上烧热，放入洋葱丝、香菜段垫底，摆上炸好的大虾串，浇上芡汁即可。

番茄大虾

原料 调料 大虾350克，葱段10克，姜片5克，精盐少许，白糖、料酒各1大匙，鸡精1/2小匙，番茄酱2大匙，植物油适量

制作步骤

1 大虾去头及壳，在背部划一刀，去掉虾线，加上少许精盐和料酒略腌片刻，下入热油锅中冲炸一下，捞出、沥油。

2 锅中留少许底油烧热，下入葱段、姜片和番茄酱烧沸。

3 加上大虾、精盐、鸡精、白糖和少许清水，用中火烧透，转旺火收浓汤汁，出锅装盘即成。

芦笋虾球

原料 调料 鲜虾300克，净芦笋段150克，葱花、姜末各10克，精盐1小匙，白糖、水淀粉各少许，鸡精1/2小匙，淀粉、料酒各1大匙，植物油2大匙

制作步骤

1 鲜虾去头、剥壳，从背部片开，加入精盐、淀粉拌匀，下入热油锅中炒至变色，取出成虾球。

2 把净芦笋段放入沸水锅内，加上少许精盐焯烫一下，捞出。

3 锅中加上植物油烧热，下入葱花、姜末、虾球、料酒、鸡精炒匀，加上精盐、白糖和芦笋段，用水淀粉勾芡，出锅上桌即成。

葱烧海参

原料 调料 水发海参500克，大葱100克，八角1粒，精盐、味精各少许，酱油2大匙，葱油1小匙，料酒2小匙，水淀粉1大匙，清汤、植物油各适量

制作步骤

1 大葱去掉根和叶，取葱白部分，洗净、沥水，切成5厘米长的段；水发海参洗净，切成两段，放入清汤中浸泡30分钟，捞出、沥净。

2 净锅置火上，加上植物油烧至六成热，放入葱白段和八角，用中火煸炒至变色。

3 烹入料酒，加入水发海参、酱油、清汤、精盐、味精烧沸，用小火烧至入味，用水淀粉勾芡，淋入葱油即可。

烧汁煎贝腐

原料 调料 鲜贝150克，鸡蛋2个，熟芝麻20克，葱段20克，姜片15克，精盐、胡椒粉各1小匙，酱油、蜂蜜各4小匙，料酒、老抽各2小匙，植物油2大匙

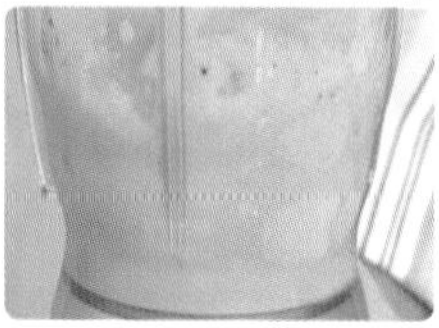

制作步骤

1 小碗内加入老抽、蜂蜜、酱油、熟芝麻拌匀成味汁；鲜贝、葱段、姜片放入搅拌机内，磕入鸡蛋，加入胡椒粉、料酒搅打成鲜贝泥，倒入碗中，加入精盐搅匀至上劲。

2 取盘子1个，盘底涂抹上少许植物油，倒入搅打好的鲜贝泥，用小匙摊平。

3 锅中加入植物油烧热，放入摊平的鲜贝泥，转小火煎至鲜贝泥两面熟透、呈淡黄色时，出锅装盘，用小刀将鲜贝泥切成条块，淋上味汁即可。

蒜蓉豉汁蒸扇贝

原料 调料 鲜活扇贝10只，青椒粒、红椒粒各15克，香葱末、蒜蓉各10克，味精、蚝油、酱油、白糖、豆豉、胡椒粉、香油各少许，料酒2小匙，植物油2大匙

制作步骤

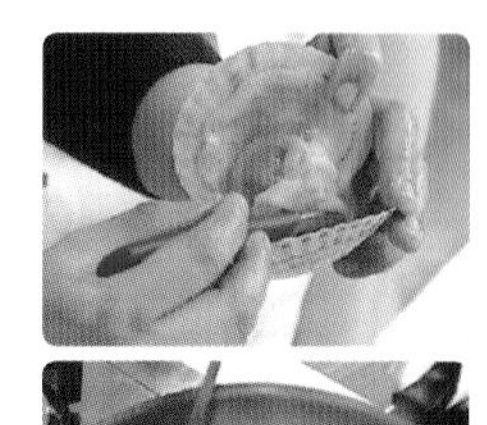

1 鲜活扇贝刷洗干净；净锅置火上，加上植物油烧热，放入剁碎的豆豉和蒜蓉炒出香味，加入蚝油、酱油、白糖、胡椒粉、味精、香油和料酒拌匀，出锅成蒜蓉豉汁。

2 将扇贝摆入大盘中，浇上蒜蓉豉汁，放入蒸锅中蒸5分钟至熟，取出扇贝，撒上青椒粒、红椒粒和香葱末，再淋上少许烧热的植物油即成。

葱姜炒飞蟹

原料 调料 活飞蟹2只(约400克)，葱段、姜片各30克，精盐、胡椒粉各1/2小匙，香油1小匙，面粉、植物油各适量

制作步骤

1 把飞蟹去掉内脏，洗涤整理干净，剁成大块，拍匀面粉，下入热油锅内炸一下，捞出。

2 锅中留少许底油烧热，下入葱段、姜片和飞蟹块炒香。

3 添入适量清水，加入精盐、胡椒粉调好口味，用旺火收汁，淋入香油，即可装盘上桌。

酥炸海蟹

原料 调料 活海蟹2只(约700克)，精盐1/2小匙，料酒1大匙，辣椒粉2小匙，淀粉、植物油各适量

制作步骤

1 活海蟹去除蟹脐、蟹盖、蟹鳃及内脏，冲洗干净，剁成块，放入盆中，加入料酒、精盐、辣椒粉拌匀，腌渍片刻。

2 坐锅点火，加上植物油烧至八成热，将海蟹刀口断面处拍匀淀粉，入锅炸至金黄色，捞出、沥油，在盘中拼回原形；再把蟹盖冲炸一下，盖在炸蟹块上即成。

蛋黄焗飞蟹

原料 调料 飞蟹1只(约300克)，咸鸭蛋黄100克，胡椒粉、味精、鸡精各少许，淀粉、料酒、香油、植物油各适量

制作步骤

1 飞蟹开壳去内脏，洗涤整理干净，剁成大块，拍上淀粉，下入热油锅内炸透，捞出、沥油。

2 锅中留底油烧热，下入咸鸭蛋黄炒碎，加上料酒、鸡精、味精、胡椒粉和清水炒成蛋黄蓉。

3 下入炸好的飞蟹块翻炒均匀，淋入香油，装盘上桌即成。

香辣蟹

原料 调料 海蟹2只，西芹段100克，干辣椒段、葱段、姜片各15克，花椒15克，精盐、鸡精、白糖、白醋各1小匙，酱油2大匙，料酒、高汤、淀粉、植物油各适量

制作步骤

1 海蟹开壳去内脏，洗净，剁成块，拍上淀粉，下入热油锅内冲炸一下，捞出、沥油。

2 锅中留底油烧热，下入葱段、姜片、花椒和干辣椒段炒出香辣味，放入海蟹块炒匀。

3 烹入料酒，加入精盐、鸡精、白糖、白醋、酱油、高汤煮沸，加上西芹段烧至入味即可。

黄烧鱼翅

原料 调料 水发鱼翅250克，净鸡骨、净猪排骨各100克，葱段、姜片各50克，精盐、味精各1小匙，料酒1大匙，胡椒粉、糖色、熟鸡油各少许

制作步骤

1 水发鱼翅用开水烫一下，过凉，再放入沸水锅中，加入料酒、葱段、姜片烫一下，捞出，用纱布包成鱼翅包。

2 锅中用竹筷垫底，放入净鸡骨、净猪排骨和鱼翅包，加入料酒、葱段、姜片和糖色，添加适量的清水，先用旺火烧沸，转小火煨8小时，加入精盐、味精、胡椒粉煮30分钟。

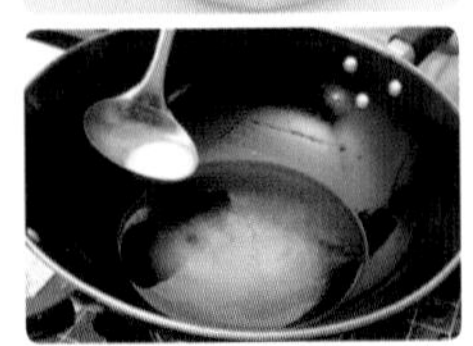

3 取出鱼翅包，把鱼翅放在容器内；锅内原汤过滤后煮沸，淋入熟鸡油，浇在鱼翅上即可。

PART 3 下酒辅菜

家常素丸子

原料 调料 土豆、胡萝卜各100克，水发粉丝、面粉各75克，洋葱50克，香菜15克，鸡蛋1个，精盐1小匙，五香粉、香油、胡椒粉、淀粉、植物油各适量

制作步骤

1 洋葱剥去外皮，洗净，切成末；香菜洗净，切成末；胡萝卜、土豆分别去皮，洗净，擦成丝；水发粉丝切成碎末。

2 洋葱末、香菜末、胡萝卜丝、土豆丝和粉丝末放在容器内，加入精盐拌匀，磕入鸡蛋，加上面粉和淀粉拌匀，再加入香油、五香粉、胡椒粉搅拌均匀成馅料。

3 取少许调好的馅料，团成丸子状，放入烧热的油锅内炸至熟脆，捞出、沥油，装盘上桌即成。

银杏百合炒芦笋

原料 调料 芦笋150克，百合50克，银杏10粒，精盐1小匙，胡椒粉、香油各1/2小匙，植物油2大匙

制作步骤

1 将芦笋削去老皮，切成小段，放入沸水锅中，加入少许精盐焯烫一下，捞出、沥水。

2 银杏去壳，放入沸水锅中煮2分钟，捞出；百合切去根，掰成小瓣，用清水洗净。

3 锅内加上植物油烧热，放入芦笋段、百合、银杏炒香，加入精盐、胡椒粉、香油炒匀即可。

滑子蘑小白菜

原料 调料 小白菜300克，滑子蘑200克，蒜片5克，精盐、料酒各1小匙，味精、鸡精各1/2小匙，香油、植物油、水淀粉各适量

制作步骤

1 小白菜去根、洗净，放入沸水锅中，加入少许精盐、料酒、植物油焯烫一下，捞出、沥水。

2 滑子蘑择洗干净，放入沸水锅中焯透，捞出、沥水。

3 锅中加入植物油烧热，放入滑子蘑、小白菜、蒜片、鸡精和味精炒匀，用水淀粉勾芡，淋入香油，出锅装盘即可。

红焖小土豆

原料 调料 小土豆400克，五花肉100克，尖椒50克，葱段10克，姜片5克，八角2粒，精盐、鸡精、酱油、白糖、辣椒粉各1/2小匙，植物油2大匙

制作步骤

1 五花肉切成厚片；小土豆去皮，洗净；尖椒切成小块。

2 锅中加上植物油烧热，下入五花肉片煎至出油，加入葱段、姜片、八角、精盐、鸡精、辣椒粉、白糖、酱油和清水煮沸。

3 放入小土豆烧至熟，用锅铲将小土豆压扁，加上尖椒块烧焖几分钟即成。

蛋黄焗南瓜

原料 调料 小南瓜1个(约500克)，咸鸭蛋黄4个，精盐、鸡精各1/2小匙，料酒1小匙，植物油2小匙

制作步骤

1 咸鸭蛋黄放入碗中，加入料酒调匀，放入蒸锅内蒸8分钟，取出，用小勺碾碎，呈细糊状。

2 将小南瓜洗净，削去外皮，去掉瓜瓤，切成小条。

3 锅中加上植物油烧热，放入南瓜条煸炒2分钟至熟，倒入咸鸭蛋黄，加入精盐、鸡精炒匀，出锅上桌即可。

春笋豌豆

原料 调料 春笋尖、豌豆各150克，彩椒、莴笋各50克，精盐、味精、水淀粉各1/2小匙，植物油、香油各适量

制作步骤

1 把豌豆放入沸水锅中焯至熟，捞出、过凉，剥取豌豆粒；彩椒、莴笋分别洗净，切成丁。

2 春笋尖去根，洗净，切成丁，放入沸水锅中，加上莴笋丁一起焯烫一下，捞出、沥水。

3 锅中加上植物油烧热，下入莴笋丁、彩椒丁、豌豆粒和春笋丁略炒，添入清水烧沸，加入精盐、味精烧至入味，用水淀粉勾芡，淋入香油，出锅上桌即成。

生煎洋葱豆腐饼

原料 调料 洋葱200克，北豆腐150克，猪肉末100克，香菜30克，鸡蛋1个，姜块10克，精盐、五香粉各1小匙，味精少许，淀粉3大匙，料酒、香油各2小匙，植物油适量

制作步骤

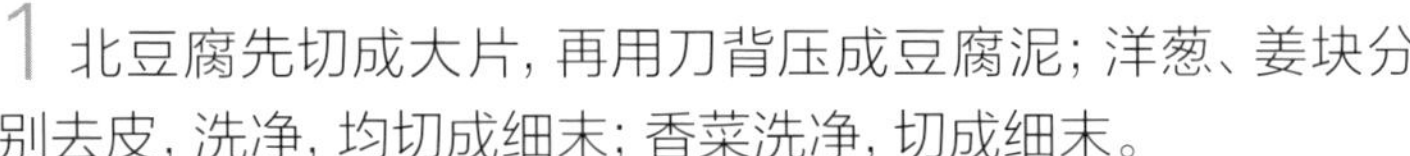

1 北豆腐先切成大片，再用刀背压成豆腐泥；洋葱、姜块分别去皮，洗净，均切成细末；香菜洗净，切成细末。

2 容器中放入猪肉末、姜末、豆腐泥、香菜末、精盐、五香粉、少许淀粉、料酒、香油、鸡蛋、味精搅匀成肉馅。

3 洋葱末放入碗中，加入淀粉拌匀，再与肉馅一起团成团，压成饼状，放入热油锅中煎至熟嫩即可。

什锦豌豆粒

原料 调料 豌豆粒200克，胡萝卜、荸荠、黄瓜、土豆、水发木耳、豆腐干各50克，葱末、姜末各5克，精盐1小匙，味精、料酒各1/2小匙，水淀粉1大匙，清汤、植物油各适量

制作步骤

1 豌豆粒洗净；胡萝卜、荸荠、黄瓜、土豆、豆腐干分别洗净，均切成小丁；水发木耳撕成小朵，放入沸水锅中焯烫一下，捞出、过凉。

2 锅中加上植物油烧热，下入葱末、姜末炝锅，放入豌豆粒、胡萝卜丁、荸荠丁、黄瓜丁、土豆丁、水发木耳、豆腐干丁略炒，加入料酒、精盐、味精、清汤烧至入味，用水淀粉勾芡，出锅装盘即成。

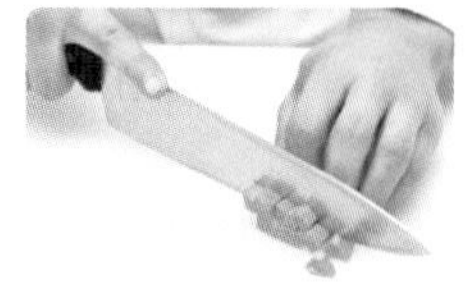

苦瓜瓤肉环

原料 调料 苦瓜250克，猪肉末200克，胡萝卜50克，净发菜少许，葱末、姜末各10克，精盐1/2小匙，酱油2小匙，淀粉、香油各1大匙

制作步骤

1 苦瓜洗净，切成2厘米厚的圈状，去瓤及籽。

2 胡萝卜切成细末，和葱末一起放入碗中，加入猪肉末、酱油、淀粉、精盐、香油搅匀成馅料，酿入苦瓜中，码放在盘中。

3 锅中加入香油烧热，放入姜末炒香，添入净发菜和少许清水煮沸，淋在苦瓜上，放入锅内蒸10分钟，取出，直接上桌即成。

三丝白菜

原料 调料 白菜300克，水发粉丝150克，胡萝卜、香菜段各100克，葱末10克，姜末5克，精盐、味精、胡椒粉各1/2小匙，植物油1大匙

制作步骤

1 白菜洗净，取嫩白菜帮切成细丝；水发粉丝剪成段；胡萝卜去根，削去外皮，切成细丝。

2 锅中加上植物油烧热，下入葱末、姜末和白菜丝略炒。

3 放入精盐、味精、胡萝卜丝、水发粉丝段和胡椒粉翻炒均匀，撒上香菜段炒匀即成。

西芹百合炒腰果

原料 调料 西芹200克，百合、胡萝卜各150克，酥腰果30克，精盐、味精各1小匙，水淀粉2小匙，高汤、植物油各1大匙

制作步骤

1 百合去根、洗净，掰成小片；西芹洗净，切成菱形片，放入沸水锅中焯至断生，捞出。

2 锅中加上植物油烧热，下入西芹片、百合片和胡萝卜略炒，添入高汤，加入精盐、味精炒匀。

3 用水淀粉勾薄芡，出锅、装盘，撒上酥腰果即可。

香酥猴头菇

原料 调料 鲜猴头菇300克，红辣椒段15克，鸡蛋清1个，葱花、姜片各少许，精盐1小匙，胡椒粉、味精各2小匙，淀粉5大匙，植物油适量

制作步骤

1 鲜猴头菇去蒂，切成小块，放入沸水锅中，加入葱花、姜片煮5分钟，捞出、沥水。

2 鸡蛋清、淀粉放在小碗内拌匀成糊，放入猴头菇调匀，下入油锅内炸至金黄色，捞出、沥油。

3 锅内留底油烧热，下入葱花、红辣椒段炒香，放入猴头菇、精盐、味精、胡椒粉炒匀即可。

家常叉烧肉

原料 调料 猪里脊肉750克，葱段、姜片各15克，八角2粒，精盐1/2小匙，料酒4大匙，白糖、酱油各2小匙，红曲米1大匙，蜂蜜2小匙，植物油2大匙

制作步骤

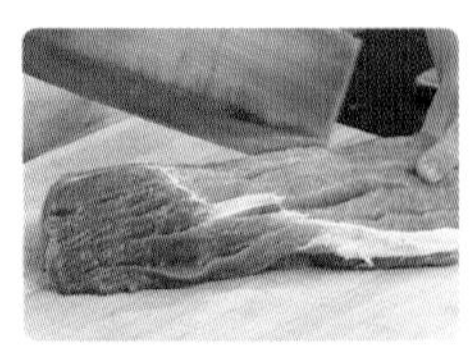

1 猪里脊肉洗净，剞上一字刀，切成大块，放在容器内，加入酱油、精盐、料酒、葱段、姜片拌匀，腌渍20分钟。

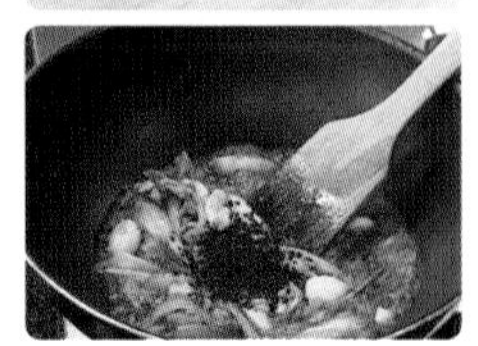

2 锅内加上植物油烧热，下入里脊肉，用小火煎至发干，取出，再放入腌肉用的葱段、姜片，用旺火煸炒出香味。

3 烹入料酒，加入八角、酱油、红曲米、少许精盐、白糖和清水煮沸，倒入里脊肉块，转小火炖1小时至肉块熟烂，改用旺火收汁，加入蜂蜜调匀，出锅、凉凉，切成条块即可。

香炸丸子

原料 调料 猪肉末200克，鸡蛋1个，葱末、姜末、精盐、味精、五香粉各少许，料酒1小匙，甜面酱1/2大匙，淀粉、花椒盐、植物油各适量

制作步骤

1 猪肉末装入碗中，磕入鸡蛋，加入葱末、姜末、料酒搅匀，再放入甜面酱、精盐、味精、五香粉和淀粉调成馅料。

2 锅中加上植物油烧热，将馅料挤成丸子，下锅炸至五分熟，捞出；待油温升至七成热时，再把丸子放入油锅内炸至熟透，捞出、装盘，跟花椒盐一起上桌即可。

家常回锅肉

原料 调料 熟五花肉250克，红干椒、水发木耳、油菜心各适量，葱花10克，精盐、味精各1小匙，白醋、白糖、辣椒酱、料酒、酱油、植物油各1大匙

制作步骤

1 把熟五花肉切成长方形薄片；油菜心洗净，切成小段。

2 锅中加上植物油烧热，下入葱花和红干椒炝锅出香味。

3 加入料酒、辣椒酱、白醋、白糖、酱油、精盐、味精烧沸，放入熟五花肉片、水发木耳、油菜心炒至入味即可。

酥炸肉排

原料 调料 猪肉排500克，姜末、蒜末各10克，白糖、酱油、料酒、淀粉各1大匙，五香粉、小苏打粉各1小匙，植物油适量

制作步骤

1 姜末、蒜末、白糖、酱油、料酒、五香粉、小苏打粉放入小碗中，调匀成腌酱。

2 猪肉排洗净，剁成小块，先用刀背拍松，加入腌酱拌匀，腌渍5分钟，取出肉排块，两面拍匀淀粉，下入七成热油锅内炸至金黄、熟透，装盘上桌即成。

辣子肥肠

原料 调料 净猪大肠(肥肠)500克，干红辣椒段100克，姜片、蒜片各10克，花椒5克，精盐、鸡精、白糖各1/2小匙，酱油1小匙，料酒1大匙，植物油适量

制作步骤

1 把净猪大肠放入清水锅中煮至熟，捞出、凉凉，切成小块，下入热油锅内略炸，捞出、沥油。

2 锅中留底油烧热，下入姜片、蒜片、干红辣椒段、花椒炒至变色，加入猪大肠块翻炒片刻。

3 放入料酒、酱油、白糖、精盐、鸡精炒至入味，出锅装盘即可。

香辣小排骨

原料 调料 猪排骨500克，青红椒圈25克，干红辣椒10克，葱花、姜末各10克，精盐1/2小匙，味精1小匙，白糖、料酒各2大匙，五香料包1个，鲜汤、植物油各适量

制作步骤

1 猪排骨洗净，剁成小段，加入精盐、味精、料酒、葱花、姜末拌匀，腌渍1小时，然后下入七成热油锅中炸至呈金黄色，捞出、沥油；干红辣椒去蒂，去籽，掰成小段。

2 锅中加入鲜汤、五香料包、干红辣椒段、排骨段、白糖、精盐、料酒烧沸，转小火烧煮40分钟，取出五香料包，撒上青红椒圈，用中火收汁，装盘上桌即成。

菠萝牛肉松

原料 调料 牛肉末400克，鲜菠萝100克，青椒丁、红椒丁各15克，熟芝麻少许，味精、胡椒粉各1小匙，蚝油2小匙，酱油4小匙，植物油3大匙

制作步骤

1 鲜菠萝去皮，洗净，取1/3切成小片，另2/3切成小丁；把菠萝片放入粉碎机中，加入少许清水搅打成菠萝蓉。

2 牛肉末放入大碗中，倒入菠萝蓉，再加入酱油、蚝油、胡椒粉、味精搅拌均匀，腌渍30分钟至牛肉馅入味。

3 锅内加入植物油烧热，放入牛肉馅炒至干香，放入青椒丁、红椒丁、菠萝丁炒匀，撒上熟芝麻即可。

干煸牛肉丝

原料 调料 牛里脊肉300克，芹菜30克，青蒜段、干红辣椒各15克，姜丝5克，精盐、辣椒粉、味精各1/2小匙，白糖、酱油、花椒油、料酒、米醋各2小匙，豆瓣酱4小匙，植物油2大匙

制作步骤

1 牛里脊肉洗净，沥净水分，切成细丝；芹菜去根和叶，取芹菜茎洗净，切成小段。

2 锅中加上植物油烧热，放入牛肉丝炒至酥脆，加入豆瓣酱、辣椒粉、白糖、料酒、酱油、精盐、味精炒匀。

3 放入芹菜段、青蒜段、干红辣椒和姜丝略炒，再烹入米醋，出锅盛入盘中，淋上花椒油即可。

滑蛋牛肉

原料 调料 牛肉片250克，鸡蛋4个，葱花15克，精盐、味精、胡椒粉、香油各1/2小匙，植物油适量

制作步骤

1 将鸡蛋磕入碗中，加入精盐、味精、胡椒粉、葱花和少许植物油搅匀，调成鸡蛋浆。

2 锅内加入植物油烧热，下入牛肉片滑散、滑熟，捞出，放在盛有鸡蛋浆的碗里拌匀。

3 净锅置火上烧热，倒入拌好的牛肉片和鸡蛋浆，边炒边淋入香油炒匀，出锅上桌即可。

芥蓝炒牛肉

原料 调料 牛里脊肉300克，芥蓝200克，姜片5克，白糖1小匙，酱油、料酒、水淀粉各1大匙，蚝油2大匙，植物油4大匙

制作步骤

1 牛里脊肉切成片，加上料酒、酱油、水淀粉拌匀，腌渍10分钟，下入油锅内滑熟，捞出、沥油。

2 芥蓝洗净，切成小段，放入沸水锅内略焯，捞出、冲凉。

3 锅内加上植物油烧热，下入姜片和芥蓝段略炒，加入牛肉片、蚝油、白糖炒匀，用水淀粉勾芡，出锅装盘即成。

熟炒牛肚丝

原料 调料 熟牛肚250克，黄瓜150克，干红辣椒丝、蒜片、葱丝各10克，精盐1/2小匙，味精1小匙，白醋1大匙，料酒2大匙，香油4小匙

制作步骤

1 熟牛肚洗净，切成丝；黄瓜去蒂、洗净，切成细丝。

2 净锅置火上，加入香油烧热，下入蒜片、干红辣椒丝炒香，放入熟牛肚丝，烹入料酒，加入精盐、味精快速煸炒。

3 放入黄瓜丝和葱丝炒匀，淋上白醋和少许香油，出锅装盘即可。

酱爆羊肉

原料 调料 羊肉300克，青红椒块40克，花生米25克，鸡蛋1个，葱花少许，精盐、味精各1/2小匙，白糖、黄酱、料酒各1大匙，香油、淀粉、水淀粉、植物油各适量

制作步骤

1 羊肉切成块，加上精盐、味精、料酒、淀粉和鸡蛋液拌匀，下入热油锅内炸透，捞出、沥油。

2 锅中加上植物油烧热，用葱花炝锅，加上料酒、黄酱、白糖、精盐、味精、清水烧沸。

3 下入羊肉块、花生米和青红椒块炒匀，用水淀粉勾芡，淋入香油，出锅上桌即成。

橙香鸡卷

原料 调料 鸡胸肉300克，香蕉条150克，鸡蛋2个，面包糠适量，精盐、胡椒粉各1小匙，白葡萄酒1大匙，淀粉、橙汁各3大匙，植物油适量

制作步骤

1 鸡胸肉去除筋膜，切成大薄片，放入碗内，磕入鸡蛋(1个)，加入白葡萄酒、精盐、胡椒粉拌匀，腌渍片刻。

2 取小碗，磕入1个鸡蛋，加上淀粉调匀成淀粉糊；把鸡肉片卷上香蕉条，裹匀淀粉糊，拍上面包糠成鸡卷生坯。

3 锅置火上，加入植物油烧至七成热，放入鸡卷生坯炸成金黄色且熟透，捞出，码放在盘内，淋上橙汁即可。

鸡肉蚕豆酥

原料 调料 鸡胸肉250克，蚕豆瓣100克，青椒丁、红椒丁各20克，葱花、姜末各5克，精盐、白糖、香油各1/2小匙，水淀粉1大匙，植物油2大匙

制作步骤

1 鸡胸肉切成丁，加入精盐、白糖、水淀粉拌匀，上浆；蚕豆瓣放入沸水锅中焯烫一下，捞出。

2 锅中加上植物油烧热，下入鸡肉丁炒散，再放入葱花、姜末、青椒丁、红椒丁略炒。

3 加入蚕豆瓣炒至熟，用水淀粉勾芡，淋入香油即可。

鸡丝炒蕨菜

原料 调料 鸡胸肉300克，蕨菜100克，春笋50克，红辣椒丝15克，鸡蛋清1个，葱丝、姜丝各15克，精盐、白糖、料酒、香油各1小匙，淀粉1/2大匙，植物油2大匙

制作步骤

1 蕨菜择洗干净，切成小段；春笋洗净、切丝；鸡胸肉切成细丝，加入精盐、鸡蛋清、料酒、葱丝、姜丝和淀粉拌匀，上浆。

2 锅中加上植物油烧热，下入鸡肉丝炒至变色，放入葱丝、红辣椒丝、料酒、精盐、白糖炒匀，加入春笋丝和蕨菜段，淋入香油，出锅上桌即可。

照烧鸡肉

原料 调料 鸡腿肉200克，南瓜100克，荷兰豆30克，精盐、姜汁、料酒、白酒各1小匙，白糖、酱油、辣椒粉、黑胡椒粉、香油、植物油各适量

制作步骤

1 鸡腿肉切成大块，加上精盐、白酒、酱油、姜汁拌匀；南瓜洗净，去皮及瓤，切成菱形片；荷兰豆撕去豆筋，切成斜段。

2 锅中加上植物油烧热，下入鸡腿块煎至上色，加上料酒、白糖、酱油、辣椒粉、黑胡椒粉和清水烧焖至熟透，放入南瓜片和荷兰豆稍焖，淋入香油即可。

XO酱炒鸡丁

原料 调料 鸡胸肉400克，红椒丁、黄椒丁各20克，葱段15克，姜片5克，精盐、酱油、料酒各1小匙，淀粉适量，XO酱、植物油各3大匙

制作步骤

1 鸡胸肉去掉筋膜，切成丁，加入酱油、料酒、淀粉拌匀，腌渍20分钟。

2 锅中加上植物油烧热，下入葱段、姜片炒香，放入鸡肉丁炒至变色，加上红椒丁和黄椒丁。

3 加入XO酱、精盐炒拌均匀，出锅装盘即可。

可乐焖鸡腿

原料 调料 鸡腿2只，菠萝100克，精盐1小匙，可乐1听，酱油1大匙，水淀粉1/2大匙

制作步骤

1 把鸡腿洗净，放入沸水锅中焯煮5分钟，捞出、冲净；菠萝去皮，切成小片。

2 锅中加入适量清水，放入鸡腿、精盐、可乐、酱油烧沸，转小火焖煮15分钟至熟香，捞出。

3 把鸡腿剁成小块，码放在盘中，用菠萝片围边；再将锅中剩余汤汁用水淀粉勾薄芡，淋在鸡腿上即可。

纸包盐酥鸡翅

原料 调料 鸡翅、大粒海盐各500克，葱段、姜块各15克，蒜瓣10克，酱油2小匙，蜂蜜、五香粉各少许，白酒适量

制作步骤

1 将鸡翅去掉绒毛和杂质，洗净，擦净水分，在鸡翅表面剞上两刀，放在容器内，加入葱段、姜块、蒜瓣、酱油、五香粉、白酒、蜂蜜拌匀，腌渍20分钟，用锡纸包裹好并攥紧。

2 锅置火上，放入大粒海盐，用旺火炒匀；砂煲中先放入一些炒好的海盐粒，再放入用锡纸包好的鸡翅，然后倒入剩余的海盐粒，盖上盖，置火上焖约20分钟即可。

蒸淋凤爪

原料 调料 鸡爪(凤爪)300克，葱段、姜片各10克，精盐、鸡精各1小匙，老抽2大匙，花椒粉、胡椒粉各少许，白糖、料酒各1大匙，蚝油3大匙，水淀粉、香油、清汤、植物油各适量

制作步骤

1 鸡爪去除老皮，加上老抽拌匀，下入热油锅中炸上颜色，捞出、沥油，再放入清水中浸泡1小时，捞出、沥水。

2 鸡爪装入盘中，加入葱段、姜片、精盐、白糖、鸡精、料酒、老抽、清汤、花椒粉拌匀，放入蒸锅内蒸20分钟，取出。

3 净锅上火，加上少许植物油烧热，放入鸡爪、料酒、清汤、白糖、鸡精、蚝油、蒸鸡爪的原汁、胡椒粉焖几分钟，用水淀粉勾芡，淋上香油，出锅装盘即可。

回锅鸭肉

原料 调料 鸭肉300克，竹笋100克，菜花50克，青椒、红椒各20克，白糖、酱油、精盐、料酒、豆豉酱、豆瓣酱、水淀粉各适量，植物油2大匙

制作步骤

1 鸭肉加上精盐、料酒、白糖、酱油拌匀，放入蒸锅内蒸至熟，取出，切成片；竹笋洗净、切成片；菜花、青椒、红椒分别洗净，切成小块。

2 锅中加上植物油烧热，下入豆豉酱、豆瓣酱、白糖、酱油炒香，放入竹笋片、菜花块、青椒块、红椒块、熟鸭肉片翻炒均匀，用水淀粉勾芡即成。

家常豆腐

原料 调料 豆腐500克，香葱段15克，葱末、姜末各5克，精盐、料酒、香油各1小匙，鲜汤100克，酱油、水淀粉、植物油各适量

制作步骤

1 豆腐切成厚片，放入沸水锅中焯烫一下，捞出、沥水。

2 锅中加上植物油烧热，先下入葱末、姜末炒香，放入豆腐块和鲜汤烧沸。

3 加入精盐、酱油、料酒，用小火烧至入味，用水淀粉勾芡，撒上香葱段，淋入香油即成。

香菇烧豆腐

原料 调料 豆腐300克，香菇、青豆各20克，精盐、酱油、白糖、料酒各1小匙，水淀粉2小匙，植物油3大匙，鲜汤100克

制作步骤

1 豆腐切成块；香菇用温水泡发，去蒂，切成两半；青豆洗净，放入沸水锅内煮至熟，捞出。

2 锅中加上植物油烧热，下入豆腐块煎至上色，加入酱油、料酒、白糖、精盐、鲜汤烧沸。

3 放入香菇块、青豆烧2分钟，用水淀粉勾芡，出锅上桌即成。

香椿煎鸡蛋

原料 调料 鸡蛋6个(约300克)，香椿芽100克，精盐、味精、胡椒粉各1/2小匙，水淀粉1小匙，清汤、植物油各适量

制作步骤

1 香椿芽洗净，切成段，加入精盐、味精、胡椒粉、水淀粉，磕入鸡蛋，搅拌均匀成香椿鸡蛋液。

2 锅内加上植物油烧至六成热，倒入香椿鸡蛋液摊成圆饼，待一面煎熟后翻面续煎至熟透。

3 添入清汤，盖上锅盖焖2分钟，待汤汁浓稠时盛出，切成小块，装盘上桌即成。

油爆河虾

原料 调料 河虾400克，葱末、红辣椒粒各15克，香菜末、姜末、蒜末各10克，精盐、白糖各2小匙，料酒、生抽各1大匙，胡椒粉少许，香油、植物油各适量

制作步骤

1 葱末、红辣椒粒、姜末、蒜末和香菜末放在小碗内，加入精盐、白糖、料酒、生抽、胡椒粉、香油拌匀成味汁；河虾放入淡盐水中浸泡并洗净，沥干水分。

2 锅中加上植物油和少许香油烧至八成热，倒入加工好的河虾，快速翻炒至河虾变色，捞出、沥油。

3 净锅复置旺火上烧热，倒入煸好的河虾干炒片刻，烹入调好的味汁快速炒匀，出锅装盘即可。

黄瓜炒虾仁

原料 调料 虾仁200克，黄瓜、心里美萝卜各125克，精盐1小匙，味精1/2小匙，水淀粉适量，植物油2大匙

制作步骤

1 将虾仁去掉虾线，洗净；黄瓜、心里美萝卜分别去皮、洗净，切成斜刀块，放入沸水锅中焯烫一下，捞出、沥水。

2 锅内加上植物油烧热，放入虾仁、黄瓜块和心里美萝卜略炒，加入精盐、味精炒至入味，用水淀粉勾芡，即可出锅装盘。

两味醉虾

原料 调料 基围虾300克，葱段30克，姜片15克，蒜泥20克，精盐、味精、酱油各1小匙，白糖1/2小匙，椒麻糊1大匙，香油2小匙，白酒、辣椒油、鲜汤各2大匙

制作步骤

1 基围虾放入淡盐水中吐净泥沙，装入碗中，加入葱段、姜片和白酒醉腌6小时成醉虾。

2 取味碟两个，一个放入蒜泥、精盐、酱油、味精、白糖、辣椒油、香油调匀成蒜泥味汁。

3 另一个味碟放入椒麻糊、精盐、酱油、鲜汤调匀成椒麻味汁，一同随醉虾上桌即可。

泡椒鱼块

原料 调料 净草鱼肉500克，泡红辣椒50克，葱段、蒜片各10克，姜片5克，精盐、味精各1小匙，酱油、白醋、白糖、料酒各1/2大匙，高汤250克，植物油2大匙

制作步骤

1 净草鱼肉切成大块，加入精盐、料酒拌匀，腌渍1小时。

2 锅中加上植物油烧至七成热，下入泡红辣椒、葱段、姜片和蒜片炒出香辣味。

3 烹入料酒，加入精盐、白糖、酱油、草鱼块、高汤烧沸，转小火烧焖至收汁，加入白醋、味精调匀，出锅上桌即成。

麻辣鳝段

原料 调料 净鳝鱼300克，红椒、青椒各30克，蒜片20克，精盐1/2小匙，白糖、料酒各1大匙，白醋、水淀粉各1/2大匙，花椒粉1小匙，酱油、植物油各2大匙

制作步骤

1 净鳝鱼切成小段，加入少许料酒拌匀，放入热油锅中爆炒一下，捞出、沥油；青椒、红椒洗净，去蒂及籽，切成小块。

2 锅内加上植物油烧热，下入蒜片、青椒块、红椒块和鳝鱼片略炒，放入酱油、精盐、白糖、白醋、花椒粉炒至入味，用水淀粉勾芡，即可出锅装盘。

麻辣小龙虾

原料 调料 小龙虾500克，蒜瓣25克，干辣椒、花椒各10克，精盐、白糖、酱油、火锅料、十三香各1小匙，植物油3大匙

制作步骤

1 把小龙虾放入清水中静养，使其吐净腹中污物，捞出，刷洗干净，再下入热油锅中略炒一下，捞出、沥油；干辣椒洗净，大的切成小段；蒜瓣去皮，洗净。

2 锅中加上植物油烧热，下入花椒、干辣椒、蒜瓣炒香，放入小龙虾炒匀，加入精盐、白糖、酱油、火锅料、十三香烧焖10分钟至入味，出锅装盘即成。

酥炸蚝肉

原料 调料 蚝肉300克，花生碎20克，辣椒碎15克，鸡蛋1个，熟芝麻少许，胡椒粉1小匙，面粉、淀粉各2大匙，精盐、白糖各2小匙，孜然、味精各少许，料酒、植物油各适量

制作步骤

1 蚝肉用清水漂洗干净，沥净水分，放入容器内，加入胡椒粉、精盐、料酒拌匀，腌渍片刻。

2 取小碗，加入花生碎、熟芝麻、辣椒碎、孜然、白糖、精盐、味精拌匀成蘸料；另一碗内磕入鸡蛋，加上面粉、淀粉及少许清水调拌均匀成鸡蛋糊，放入蚝肉拌匀。

3 锅内加上植物油烧热，放入蚝肉炸至熟脆，出锅，码放在盘内，撒上蘸料或随蘸料一同上桌即可。

宫保鱿鱼卷

原料 调料 鲜鱿鱼400克，青椒50克，辣椒段20克，蒜末、花椒各5克，精盐、白糖、香油各1/2小匙，香醋、酱油、料酒、水淀粉各1大匙，植物油2大匙

制作步骤

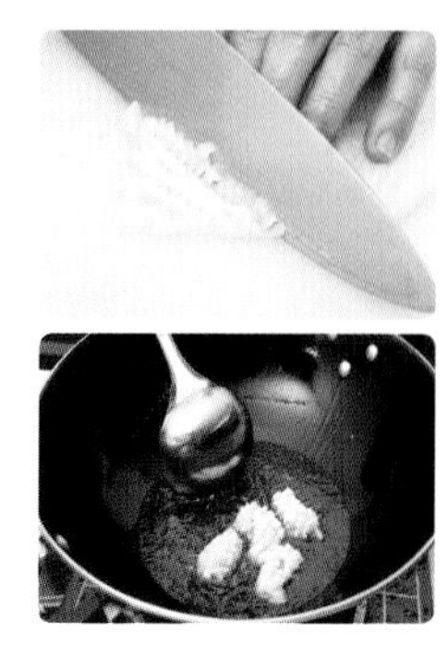

1 鲜鱿鱼去掉内脏，洗净，在内侧剞上交叉花刀，切成菱形块，下入热油锅内冲炸至起卷，捞出、沥油；青椒洗净，切成块。

2 锅中留少许底油烧热，下入辣椒段、青椒块、蒜末、花椒炝锅出香辣味，加上精盐、白糖、香醋、酱油、料酒、香油、水淀粉炒至黏稠，倒入鱿鱼卷翻炒均匀，即可出锅装盘。

蒲棒扇贝

原料 调料 扇贝肉500克，猪肥膘肉、面包糠各100克，鸡蛋2个，黑芝麻少许，精盐、味精、胡椒粉、淀粉、香油、植物油、竹扦各适量

制作步骤

1 扇贝肉、猪肥膘肉放入搅拌器内打成蓉，加上精盐、味精、淀粉、香油、胡椒粉调匀成扇贝蓉；鸡蛋磕入碗中搅匀成鸡蛋液。

2 用扇贝蓉包裹住竹打的 半，然后拍上淀粉，挂上鸡蛋液、裹匀面包糠和黑芝麻，放入烧至五成热油锅内炸至色泽金黄，捞出装盘即成。

韭菜薹炒扇贝

原料 调料 净扇贝肉200克，韭菜薹100克，豆腐干30克，葱花少许，豆豉、精盐、白糖、酱油、辣酱、米醋、香油各1小匙，水淀粉、高汤、植物油各适量

制作步骤

1 韭菜薹洗净，切成小段；豆腐干洗净，切成条。

2 锅中加上植物油烧热，放入辣酱、豆豉、豆腐干条炒香，再加入葱花、精盐和高汤煮匀。

3 放入白糖、酱油和米醋，下入净扇贝肉、韭菜薹段炒至熟，用水淀粉勾芡，淋入香油即可。

豆芽炒海贝

原料 调料 海贝肉250克，黄豆芽150克，红椒丝10克，葱段15克，姜片10克，精盐、鸡精各1/2小匙，料酒2大匙，水淀粉2小匙，植物油适量

制作步骤

1 黄豆芽洗净，放入沸水锅内焯烫一下，捞出、沥水；海贝肉切成片，用清水冲净，沥水。

2 锅中加上植物油烧热，下入葱段、姜片和红椒丝炒香。

3 烹入料酒，放入黄豆芽、海贝片、精盐、鸡精爆炒一下，用水淀粉勾芡，出锅装盘即可。

沙茶炒双鱿

原料 调料 水发鱿鱼、鲜鱿鱼各200克，芹菜125克，红辣椒50克，鸡精1小匙，沙茶酱3大匙，水淀粉1大匙，香油1/2小匙，植物油2大匙

制作步骤

1 水发鱿鱼、鲜鱿鱼分别洗涤整理干净，内侧剞上交叉花刀，再切成大块，放入沸水锅内焯烫成卷，捞出、沥水；芹菜、红辣椒分别洗净，切成小段。

2 锅中加入植物油烧热，下入芹菜段、红辣椒段、鸡精、沙茶酱、两种鱿鱼卷翻炒至熟，用水淀粉勾芡，淋入香油即可。

香辣螺蛳

原料 调料 螺蛳750克，青椒圈15克，红辣椒10克，葱段、姜片、香叶、桂皮各5克，八角、花椒各少许，精盐2小匙，豆瓣酱、甜面酱、酱油、料酒、白糖、味精、植物油各适量

制作步骤

1 把螺蛳放入淡盐水盆中浸泡，使其吐净泥沙，再换清水洗净，放入沸水锅内煮至熟，捞出。

2 锅中加入植物油烧至七成热，放入葱段、姜片、香叶、桂皮、八角、花椒、红辣椒和青椒圈，用小火略炒一下。

3 加入精盐、豆瓣酱、甜面酱、料酒、酱油、白糖、味精炒香，放入螺蛳，改用旺火翻炒均匀，出锅上桌即可。

PART 4 汤羹炖品

鸡汁土豆泥

原料 调料 土豆400克，鸡胸肉100克，西蓝花、青豆各10克，枸杞子少许，葱段、姜片各10克，精盐、味精各1小匙，白糖2小匙，胡椒粉1/2小匙，葡萄酒、牛奶4大匙、水淀粉各适量

制作步骤

1 西蓝花撕成小朵，放入沸水锅内焯烫一下，捞出；土豆放入锅内煮至熟，取出、凉凉，去皮，放在容器内压成土豆泥，加入精盐、味精、牛奶搅匀并抹平，点缀上西蓝花。

2 葱段、姜片、鸡胸肉放入搅拌机中，加入清水、胡椒粉、葡萄酒、白糖、精盐和味精打成鸡汁，倒入锅中煮沸，放入青豆和枸杞子，用水淀粉勾芡，浇在土豆泥上即可。

地瓜荷兰豆汤

原料 调料 荷兰豆200克，地瓜干150克，葡萄干20克，精盐1小匙，胡椒粉少许，高汤1200克

制作步骤

1 将地瓜干放入清水中浸泡12小时，使其质地回软，捞出、沥水，切成小条。

2 将荷兰豆择洗干净，切去两端；葡萄干用清水洗净。

3 锅中加入高汤烧沸，下入地瓜干、葡萄干煮10分钟，再加入荷兰豆、精盐煮至熟，放入胡椒粉调味，出锅装碗即成。

干贝油菜汤

原料 调料 油菜心150克，水发干贝50克，精盐1小匙，鸡精1/2小匙，料酒1大匙，蚝油少许，高汤1000克

制作步骤

1 将水发干贝洗净，撕成细丝；油菜心切去根部，洗净。

2 坐锅点火，加入高汤烧沸，下入干贝丝煮约20分钟。

3 放入油菜心、蚝油、精盐、鸡精、料酒煮10分钟至入味，出锅装碗即成。

毛豆莲藕汤

原料 调料 莲藕200克，毛豆粒150克，姜末5克，精盐1小匙，鸡精1/2小匙，料酒2小匙，高汤1500克，植物油2大匙

制作步骤

1 将毛豆粒洗净；莲藕去皮、洗净，切成厚片。

2 坐锅点火，加上植物油烧热，下入姜末炝锅，放入毛豆粒、莲藕片翻炒片刻。

3 加入料酒、高汤、精盐、鸡精煮至入味，出锅装碗即可。

油菜玉米汤

原料 调料 油菜心200克，嫩玉米粒150克，净虾仁50克，洋葱30克，精盐1小匙，浓缩鸡汁1/3小匙，黄油2大匙，清汤适量

制作步骤

1 油菜心洗净，从中间切开；洋葱洗净，切成碎粒。

2 锅中加入黄油烧至化开，下入洋葱粒炒香，添入清汤、嫩玉米粒、净虾仁稍煮片刻。

3 加入精盐、浓缩鸡汁，烧沸后放入油菜心烫至翠绿，即可出锅装碗。

白菜海米汤

原料 调料 白菜叶200克，海米25克，香菜少许，葱末10克，精盐1小匙，味精少许，牛奶3大匙，高汤1000克，熟猪油1大匙

制作步骤

1 将白菜叶洗净，切成2厘米宽、4厘米长的条；海米去除杂质，放入温水中浸泡30分钟，捞出、沥水。

2 坐锅点火，加入熟猪油烧热，下入海米煸炒片刻，放入葱末炒香，添入高汤，加入白菜叶、精盐、味精烧沸，再放入牛奶煮几分钟，撒上香菜，盛入汤碗中即可。

奶油番茄汤

原料 调料 西红柿（番茄）150克，洋葱50克，面包30克，精盐、味精各1小匙，番茄酱2大匙，黑胡椒少许，牛奶、黄油、植物油各适量

制作步骤

1 西红柿用热水略烫一下，捞出、去皮，切成丁；洋葱洗净，切成小丁；面包切成小丁，放入烧热的黄油煎锅内煎至酥脆，捞出、沥油。

2 锅中加上植物油烧热，下入洋葱丁略炒，加入番茄酱、黑胡椒、精盐、味精及适量清水煮沸。

3 放入西红柿丁煮匀，关火后倒入汤碗中，加入牛奶，放入煎面包丁、黑胡椒及少许黄油搅匀即可。

山珍什菌汤

原料 调料 猴头菇、竹荪、榛蘑、黄蘑、香菇、口蘑、牛肝菌、枸杞子各适量，香葱花15克，精盐、料酒、胡椒粉、熟鸡油各少许，清汤1500克

制作步骤

1 将所有菌类原料用清水泡发，洗涤整理干净，放入沸水锅中焯透，捞出、沥水。

2 锅中加入熟鸡油烧热，下入香葱花炒香，烹入料酒，添入清汤，放入所有菌类原料煮沸，加入精盐、胡椒粉调好口味，放入枸杞子，继续煮30分钟至入味，出锅装碗即成。

健康蔬果汤

原料 调料 西红柿250克，胡萝卜、土豆各100克，洋葱、西芹、面粉各50克，精盐1小匙，白糖、黄油各1/2小匙，鲜牛奶100克，植物油2大匙，清汤适量

制作步骤

1 西红柿切成小块；洋葱去皮、洗净，切成细丝；胡萝卜、西芹、土豆分别洗净，切成小条。

2 锅中加上植物油烧热，放入西红柿、胡萝卜、土豆、洋葱、西芹和清汤煮约8分钟成菜汤。

3 锅内加上黄油和面粉炒匀，倒入牛奶调匀，再倒入菜汤煮沸，用精盐、白糖调味即可。

鲜虾白菜蘑菇汤

原料 调料 白菜200克，鲜虾100克，金针菇80克，蟹味菇、白玉菇各50克，香菜末少许，精盐、鸡精、香油各1小匙，酱油、料酒各1大匙，高汤1500克，植物油2大匙

制作步骤

1 白菜洗净，切成块；鲜虾取净虾肉，洗净；蟹味菇、白玉菇、金针菇分别去蒂，洗净。

2 锅中加上植物油烧热，下入白菜块略炒，加上料酒、高汤、蟹味菇、白玉菇、金针菇烧沸。

3 加入鲜虾、精盐、鸡精、酱油，转中火煮5分钟，撒入香菜末，淋入香油即可。

菠菜菇腐汤

原料 调料 菠菜100克，干豆腐丝80克，胡萝卜50克，鲜香菇3朵，精盐、酱油各1小匙，鸡精1/2小匙，料酒1大匙，鸡汤1200克

制作步骤

1 鲜香菇去蒂、洗净，剞上十字花刀；胡萝卜去皮，切成长条；菠菜去根，切成小段。

2 锅中加入鸡汤烧沸，下入香菇、胡萝卜条和菠菜段略煮。

3 加入精盐、酱油、鸡精、料酒煮至入味，放入干豆腐丝续煮5分钟，出锅装碗上桌。

冬瓜八宝汤

原料 调料 冬瓜300克，干贝、净虾仁、猪肉片各50克，胡萝卜20克，干香菇3朵，精盐1小匙，清汤适量

制作步骤

1 冬瓜去皮及瓤，切成小块；胡萝卜去皮，切成滚刀块；干香菇泡软、去蒂，切成小块；干贝用清水泡软，捞出、沥水。

2 锅中加入清汤、干贝、净虾仁、猪肉片、香菇、冬瓜块、胡萝卜烧沸，转小火煮5分钟，加入精盐调好口味即可。

丝瓜绿豆猪肝汤

原料 调料 鲜猪肝200克，丝瓜100克，绿豆、胡萝卜各20克，香菜段少许，鸡蛋清1个，葱末、姜末各5克，精盐2小匙，味精、胡椒粉各1小匙，淀粉、料酒、香油、植物油各少许

制作步骤

1 鲜猪肝切成小片，加入淀粉、料酒、胡椒粉、鸡蛋清搅匀，上浆；绿豆加入清水浸泡至软；丝瓜去蒂、去皮，用清水洗净，切成菱形片；胡萝卜洗净，切成丝。

2 锅置火上，加入植物油烧热，下入葱末、姜末炝锅出香味，放入丝瓜片、胡萝卜丝煸炒。

3 放入绿豆，加入沸水和猪肝片煮至熟，加入精盐、味精调味，淋上香油，出锅装碗，撒上香菜段即可。

肉丝黄豆汤

原料 调料 猪骨头1大块，水发黄豆、猪肉丝各150克，枸杞子少许，葱花5克，精盐2小匙，味精少许，酱油1大匙，料酒2大匙，植物油3大匙

制作步骤

1 猪骨头洗净、敲碎，放入清水锅内，加上水发黄豆烧沸，转小火煨至熟烂。

2 锅中加上植物油烧热，下入猪肉丝炒至变色，加上料酒、精盐、味精、酱油炒匀。

3 倒入煮好的猪骨头和黄豆，加入枸杞子稍煮，撒入葱花即可。

猪腰时蔬汤

原料 调料 猪腰2个，菜花、胡萝卜、西蓝花、洋葱块各50克，精盐1小匙，味精1/2小匙，酱油1大匙，高汤1200克，葱油少许，植物油2大匙

制作步骤

1 猪腰撕去外膜，对半剖开，去除筋膜和腰臊，切成大片；菜花、西蓝花洗净，掰成小朵；胡萝卜去皮，切成小块。

2 锅中加上植物油烧热，下入洋葱块炒软，放入猪腰片、胡萝卜、酱油炒匀，添入高汤烧沸，加入菜花、西蓝花、精盐、味精煮至入味，淋入葱油即可。

彩玉煲排骨

原料 调料 猪排骨300克，嫩玉米1个，胡萝卜、莲藕块各50克，姜片5克，精盐2小匙，胡椒粉、料酒各1小匙

制作步骤

1 将胡萝卜去皮、洗净，切成厚片；嫩玉米洗净，剁成大块；猪排骨洗净，剁成大块，放入沸水锅中焯煮3分钟，捞出、冲净。

2 净锅上火，加入清水烧沸，放入姜片、料酒和排骨块煮约30分钟，再加入胡萝卜片、玉米块、莲藕块、精盐、胡椒粉续煮20分钟，出锅装碗即成。

苹果百合牛肉汤

原料 调料 牛肉400克，鲜百合100克，苹果1个，陈皮10克，葱花少许，精盐2小匙

制作步骤

1 将牛肉去掉筋膜、洗净，切成小块；苹果洗净，挖去果核，切成块；鲜百合去黑根、洗净，掰成小片；陈皮洗净。

2 砂锅置火上，加入适量清水，先下入苹果块、牛肉块、百合和陈皮，先用旺火烧沸，转中火煲约3小时，放入精盐煮至入味，撒上葱花，出锅装碗即成。

腐竹羊肉煲

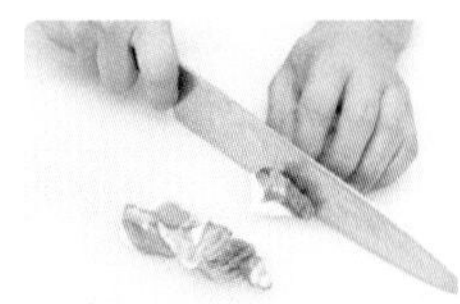

原料 调料 羊肉400克，油菜心125克，腐竹50克，葱花、姜末、干辣椒各5克，精盐、味精各2小匙，胡椒粉、酱油、香油各1小匙，植物油各适量

制作步骤

1 羊肉切成大块，放入清水锅内煮至熟，捞出；腐竹用温水泡发，攥净水分，切成小段；油菜心洗净。

2 锅中加上植物油烧热，下入干辣椒炸香，放入羊肉块、葱花、姜末和煮羊肉的原汤煮沸，加入酱油、精盐、味精、胡椒粉煮25分钟，放入腐竹段和油菜心，淋入香油即可。

奶油鲜蔬鸡块

原料 调料 鸡腿肉250克，青椒、红椒、甜玉米粒、核桃仁各25克，鸡蛋1个，精盐、味精各1小匙，白糖、黄油各1大匙，牛奶250克，面粉2大匙，植物油适量

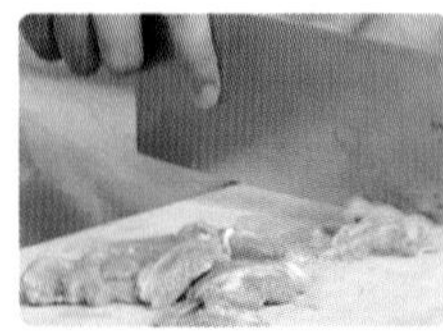

制作步骤

1 鸡腿肉去掉筋膜，切成小块；青椒、红椒分别去蒂、去籽，洗净，切成块；甜玉米粒洗净。

2 鸡腿块放在碗内，磕入鸡蛋，加入少许精盐、面粉、植物油调匀，放入热油锅中炸至熟透，捞出，放在汤碗内。

3 锅中加上黄油炒至化开，放入面粉炒香，倒入牛奶，加入精盐、白糖、味精、甜玉米粒、青椒块、红椒块煮至浓稠，出锅倒在盛有鸡腿块的汤碗内，撒上核桃仁即可。

金针鸡肉汤

原料 调料 鸡肉150克，金针菇25克，冬菇3朵，木耳10克，香葱花15克，精盐、味精各1小匙

制作步骤

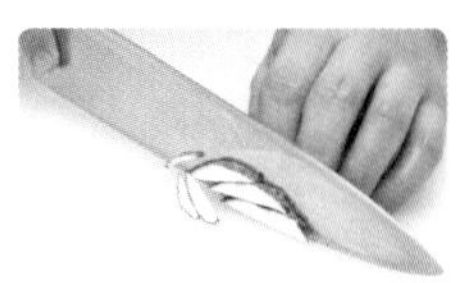

1 金针菇、木耳、冬菇分别用清水泡发，择洗干净；把冬菇切成小条、木耳撕成小朵；鸡肉洗净，切成细丝，加上少许精盐拌匀，腌渍片刻。

2 锅中加入适量清水，先下入金针菇、冬菇条、木耳烧沸，用小火煮3分钟，放入鸡肉丝煮至熟嫩，加入精盐、味精煮匀，撒上香葱花，出锅装碗即可。

当归红花鸡汤

原料 调料 净母鸡1/2只，甜橙1个，当归15克，无花果2粒，红花3克，精盐2小匙

制作步骤

1 将净母鸡剁去头、爪，斩成大块，放入沸水锅中焯去血污，捞出，换清水洗净。

2 甜橙去皮，分成小瓣；无花果洗净，切成两半；当归、红花分别洗净，沥干水分。

3 锅中加入清水、鸡块、甜橙瓣、当归、红花和无花果烧沸，转小火煲约2小时，加入精盐调好口味，即可出锅装碗。

鸡肉蓝花汤

原料 调料 鸡腿肉300克，西蓝花100克，葱丝15克，姜片10克，精盐2小匙，料酒2大匙，生抽1大匙

制作步骤

1 鸡腿肉洗净，切成大块，放入沸水锅中焯烫一下，捞出、冲净；西蓝花洗净，掰成小朵。

2 锅中加入适量清水，先下入鸡腿肉块、姜片、料酒、生抽，用旺火烧沸，再转小火煮30分钟。

3 放入精盐和西蓝花，继续煮5分钟，撒入葱丝即可。

鸡爪冬瓜汤

原料 调料 鸡爪10只，冬瓜200克，红枣6枚，红腰豆25克，枸杞子5克，香葱少许，精盐1大匙，味精2小匙

制作步骤

1 鸡爪剁去爪尖，撕去老皮，放入沸水锅中焯烫一下，捞出。

2 红枣洗净，去除果核；冬瓜洗净，去皮及瓤，切成大块。

3 净锅置火上，加入清水和鸡爪烧沸，放入冬瓜块、红枣，红腰豆和枸杞子，转小火煮至鸡爪熟烂，加入精盐、味精调好口味，撒上香葱花即可出锅装碗。

凤爪胡萝卜汤

原料 调料 鸡爪（凤爪）8只，猪排骨200克，胡萝卜50克，红枣6枚，枸杞子少许，精盐、味精各1大匙

制作步骤

1 鸡爪洗净，剁去爪尖，撕去老皮；猪排骨洗净，剁成大块，与鸡爪一起放入沸水锅中焯烫一下，捞出、冲净；胡萝卜洗净，削去外皮，切成小块。

2 锅中加入适量清水，先下入鸡爪、胡萝卜块、猪排骨块、红枣烧沸，转小火煮至鸡爪、排骨块熟烂，加入精盐、味精调味，撒上枸杞子，出锅装碗即成。

菊香豆腐煲

原料 调料 豆腐200克，鸡胸肉100克，净虾仁75克，菊花、油菜心各25克，鸡蛋清2个，葱段、姜块各15克，精盐2小匙，味精、胡椒粉各少许，料酒、水淀粉各1大匙，植物油2大匙

制作步骤

1 菊花取净花瓣；油菜心放入清水锅内略焯，捞出；葱段、姜块放入粉碎机内，加入鸡胸肉、鸡蛋清、胡椒粉、少许虾仁、豆腐、料酒、精盐和味精搅打成豆腐鸡肉浓糊，倒入容器内，放入锅内蒸15分钟，再摆上油菜心蒸1分钟。

2 锅中加上植物油烧热，放入葱段、姜块爆香，取出葱姜不用，加入料酒、清水、精盐、味精、胡椒粉烧沸，用水淀粉勾芡，放入剩余的虾仁调匀，倒在豆腐上，撒上菊花瓣即可。

皮蛋高汤杂菌

原料 调料 皮蛋4个，鸡腿菇、蟹味菇各100克，茶树菇、水发木耳、净白菜各50克，精盐1大匙，高汤适量，植物油2大匙

制作步骤

1 皮蛋去壳，切成小块；鸡腿菇、蟹味菇、茶树菇、水发木耳去蒂、洗净；净白菜切成丝。

2 锅中加上植物油烧热，下入白菜丝、木耳、鸡腿菇、蟹味菇、茶树菇煸炒至干香。

3 加入高汤、皮蛋块、精盐焖煮几分钟至入味即可。

酸辣鸡蛋汤

原料 调料 鸡蛋2个，红辣椒、香菜各15克，精盐、酱油各2小匙，米醋、水淀粉、香油各1小匙，清汤适量

制作步骤

1 将鸡蛋磕入碗中搅匀成鸡蛋液；香菜洗净，切成小段；红辣椒洗净，去蒂及籽，切成丝。

2 净锅置火上，加入清汤，下入红辣椒丝、精盐、米醋、酱油烧沸，撇去表面浮沫。

3 用水淀粉勾芡，淋入鸡蛋液煮至定浆，起锅盛入汤碗中，撒上香菜段，淋入香油即可。

鲍汁海参汤

原料 调料 水发海参300克，西蓝花50克，白萝卜泥、虾籽各10克，精盐1小匙，鸡精少许，鲍鱼汁2小匙，料酒1大匙，高汤1500克

制作步骤

1 水发海参洗净，片成大片，用沸水焯透，捞出；西蓝花洗净，用淡盐水浸泡，掰成小朵。

2 锅中加入高汤烧沸，下入水发海参、精盐、鸡精、鲍鱼汁、料酒煮沸，转小火煲至入味。

3 放入西蓝花煮3分钟，撒上萝卜泥、虾籽即可。

墨鱼油菜汤

原料 调料 墨鱼肉250克，油菜150克，红椒50克，精盐1小匙，烧汁2大匙，料酒1大匙，高汤2000克

制作步骤

1 将油菜去掉菜根、用清水洗净，从中间切开；红椒洗净，去蒂及籽，切成粗条。

2 墨鱼肉收拾干净，先切成厚片，再切成小条。

3 锅内加上高汤烧沸，下入墨鱼肉、油菜、红椒条煮沸，放入精盐、烧汁和料酒煮5分钟至入味，出锅装碗即成。

老姜鲈鱼汤

原料 调料 鲜鲈鱼1条（约600克），姜块25克，精盐1/2小匙，料酒1大匙，植物油3大匙，猪骨汤2000克

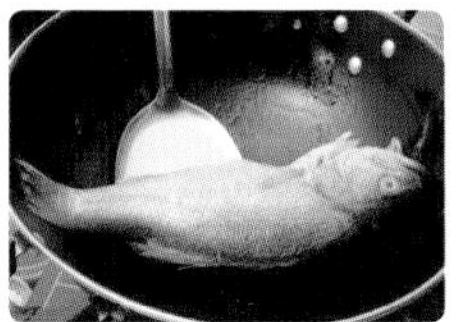

制作步骤

1 姜块去皮，切成大片；将鲈鱼宰杀，去掉鱼鳞、鱼鳃和内脏，洗净整理干净，擦净表面水分，放入烧至六成热的油锅内煎至两面上，捞出、沥油。

2 净锅置火上，加上少许植物油烧热，先下入姜片炒香，再放入鲈鱼，烹入料酒，添入猪骨汤，旺火烧沸后转小火煲约40分钟，加入精盐调好口味，出锅上桌即成。

鸡米豌豆烩虾仁

原料 调料 虾仁150克，鸡头米100克，豌豆粒50克，鸡蛋清1个，葱末、姜末各5克，精盐、淀粉各2小匙，味精1/2小匙，胡椒粉1/2小匙，水淀粉1大匙，植物油适量

制作步骤

1 虾仁去除虾线，加入少许精盐、味精、胡椒粉、鸡蛋清、淀粉调拌均匀；鸡头米用清水浸泡30分钟，再放入清水锅中烧沸，转小火煮20分钟，取出。

2 锅中加入适量清水烧沸，加入少许精盐，放入虾仁焯烫至变色，捞出、沥水。

3 锅中加上植物油烧热，下入葱末、姜末炒香，加入清水、精盐、味精、胡椒粉烧沸，放入豌豆粒煮至熟，用水淀粉勾芡，放入煮好的鸡头米和虾仁调匀，出锅上桌即可。

鲢鱼丝瓜汤

原料 调料 鲢鱼1条（约750克），丝瓜300克，枸杞子10克，葱段、姜片各5克，精盐、胡椒粉各2小匙，白糖1小匙，料酒2大匙，植物油3大匙

制作步骤

1 将丝瓜洗净，去皮及瓤，切成小条；鲢鱼去掉鱼鳞、鱼鳃和内脏，洗涤整理干净，切成大段。

2 净锅置火上，加上植物油烧热，下入葱段、姜片炒香，放入鲢鱼煎至上色，加入料酒、精盐、白糖和清水煮沸。

3 用中火煮至鱼肉熟嫩，再放入丝瓜条煮至熟，拣去葱段和姜片，加上枸杞子和胡椒粉调匀，出锅上桌即成。

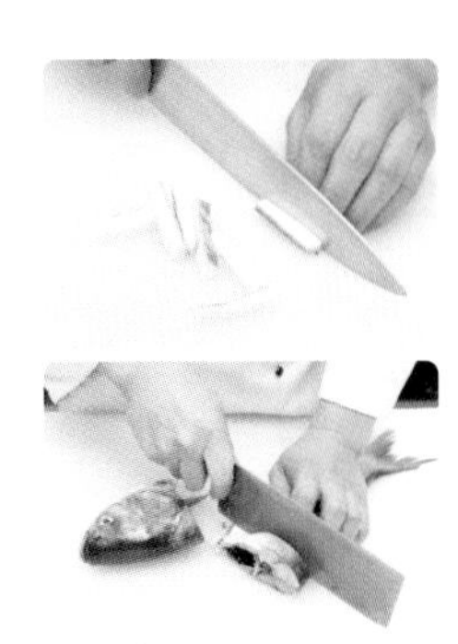

蚝汁鱼肉汤

原料 调料 净鱼肉200克，鲜蘑菇50克，嫩蕨菜、油菜心各30克，胡萝卜20克，精盐、淀粉、蚝汁、高汤各适量

制作步骤

1 净鱼肉拍上淀粉，下入热油锅中炸至黄色，捞出、沥油；鲜蘑菇、嫩蕨菜、油菜心分别洗净；胡萝卜去皮、洗净，切成花片。

2 锅中加入高汤、精盐、蚝汁煮沸，下入鱼肉煮30分钟，加入鲜蘑菇、嫩蕨菜、油菜心和胡萝卜，转小火煮5分钟至入味即成。

鲤鱼苦瓜汤

原料 调料 净鲤鱼肉300克，苦瓜200克，柠檬1个，精盐1小匙，味精1/2小匙，白糖少许，姜汁、料酒各1大匙，高汤1500克

制作步骤

1 净鲤鱼肉切成大片；苦瓜洗净，顺长切成两半，去除苦瓜瓤及籽，切成小块；柠檬洗净，切成小片。

2 锅中加入高汤，下入鱼肉片、苦瓜块和柠檬片烧沸，撇去浮沫，加入精盐、味精、料酒、白糖和姜汁，用小火煮10分钟即可。

莴笋海鲜汤

原料 调料 大虾6只，鲜鱿鱼100克，蚬子80克，莴笋适量，葱末少许，精盐1小匙，鸡精1/2小匙，料酒1大匙，高汤1500克，植物油2小匙

制作步骤

1 莴笋去皮、洗净，切成菱形块；鲜鱿鱼洗净，内侧剞上花刀；大虾、蚬子分别洗净。

2 锅中加上植物油烧热，下入葱末炒香，添入高汤煮至沸。

3 放入鱿鱼、蚬子、大虾、莴笋块煮沸，加入精盐、鸡精、料酒煮10分钟，出锅上桌即成。

香辣鱿鱼汤

原料 调料 鲜鱿鱼300克，西蓝花100克，洋葱50克，鲜百合30克，白糖1小匙，料酒1大匙，高汤1500克，香辣酱、植物油各2大匙

制作步骤

1 鲜鱿鱼去头、内脏和黑膜，洗涤整理干净，切成鱿鱼圈，放入沸水锅内焯烫一下，捞出。

2 西蓝花洗净，切成小朵；鲜百合、洋葱洗净，均切成小块。

3 锅中加上植物油烧热，下入香辣酱、洋葱块炒香，放入料酒、高汤、鱿鱼、西蓝花、鲜百合、白糖煮至入味即可。

蛤蜊瘦肉海带汤

原料 调料 活蛤蜊250克，猪瘦肉150克，干海带50克，姜片5克，精盐1/2小匙，鸡精1小匙，胡椒粉1/2小匙，猪骨汤1000克，植物油1大匙

制作步骤

1 干海带放入清水中泡发，洗净、沥水，切成细丝，放入沸水锅内焯烫一下，捞出；猪瘦肉洗净，切成薄片；活蛤蜊放入淡盐水中吐净泥沙，再刷洗干净。

2 锅中加上植物油烧至四成热，下入姜片炒香，添入猪骨汤烧沸，然后放入海带丝、猪肉片煮约15分钟。

3 加入蛤蜊，继续用小火煮约5分钟，加上精盐、鸡精、胡椒粉调好口味，出锅装碗即成。

PART 5 花样主食

意式肉酱面

原料 调料 意面400克，牛肉末100克，西红柿75克，洋葱50克，西芹、胡萝卜各25克，姜块、蒜蓉各10克，番茄酱4小匙，酱油1大匙，黑胡椒少许，芝士粉、黄油各适量

制作步骤

1 将西芹、胡萝卜、洋葱、姜块分别洗净，切成碎末；西红柿洗净，切成小丁；意面放入清水锅内煮至熟，捞出。

2 净锅置火上，放入黄油、牛肉末、洋葱末、姜末、西芹末、胡萝卜末和西红柿丁煸炒出香味，加上番茄酱、酱油、黑胡椒，改用小火煮约20分钟至浓稠，出锅倒在容器内成肉酱汁。

3 平锅置火上烧热，放入黄油和蒜蓉煸香，倒入熟意面炒匀，出锅，码放在盘内，淋上肉酱汁，撒上芝士粉即可。

蚝油生炒面

原料 调料 鸡蛋面150克，猪肉丝、甘蓝丝、胡萝卜丝、香菇丝、韭菜段、豆苗、洋葱丝各少许，精盐、鸡精、酱油、豉油各1/2大匙，植物油适量

制作步骤

1 鸡蛋面放入清水锅内煮至八分熟，捞出，用植物油拌匀，放入平底锅中煎至黄色，出锅。

2 锅中加上植物油烧热，下入猪肉丝煸炒至变色，加入洋葱丝、甘蓝丝、胡萝卜丝、香菇丝炒匀，放入韭菜段、豆苗炒香。

3 加入精盐、酱油、豉油、鸡精调味，加上鸡蛋面炒匀即可。

蚬子菠菜面

原料 调料 细面条200克，蚬子肉、菠菜各100克，精盐、味精各1/2小匙，芥末油、白糖各1小匙，高汤750克

制作步骤

1 蚬子肉洗净，切成小片；菠菜择洗干净，切成小段；把蚬子肉、菠菜段分别下入沸水锅中焯烫片刻，捞出、冲凉，沥水。

2 锅中加入清水烧沸，下入细面条煮至熟，捞出，码放在面碗内，加入蚬子肉、菠菜段、精盐、味精、芥末油和白糖，淋入烧沸的高汤即可。

油泼面片

原料 调料 面粉200克，葱花15克，精盐1小匙，鸡精少许，米醋2小匙，酱油、辣椒粉各1大匙，植物油、葱油各适量

制作步骤

1 面粉加入精盐、清水和成面团，揪成剂子，搓成长条，涂抹上植物油，静置10分钟。

2 手拿面剂两端，扯成薄而未断的面片，放入沸水锅内煮至熟，捞出，码放在碗内。

3 面片碗内加上精盐、鸡精、米醋、酱油、葱花、辣椒粉，浇上烧热的葱油拌匀即可。

家常肘花面

原料 调料 面条200克，酱肘子150克，香菜段10克，葱末、蒜末各少许，精盐、味精各1小匙，料酒1/2大匙，高汤250克

制作步骤

1 酱肘子去骨，取肘肉，切成薄片；高汤倒入碗中，加入精盐、味精、料酒调匀成味汁。

2 锅中加入清水烧沸，下入面条煮6分钟至熟，捞出、装碗。

3 面碗内码上酱肘片，撒上葱末、蒜末和香菜段，浇上调好的味汁拌匀即可。

番茄蛋煎面

原料 调料 面条300克，西红柿块100克，黄瓜片50克，鸡蛋1个，水发木耳25克，精盐、味精各1小匙，白糖、料酒各2小匙，水淀粉2大匙，植物油适量

制作步骤

1 鸡蛋磕入碗中，加入料酒搅匀，放入热油锅内略炒，放入西红柿块、水发木耳、精盐、白糖、味精、清水烧沸，用水淀粉勾芡，出锅，放入黄瓜片拌匀成鸡蛋西红柿卤。

2 锅中加入清水烧沸，放入面条煮至八成熟，捞出、过凉，放入碗中，再加入少许植物油搅匀，装入盘中。

3 锅中加入少许植物油烧热，放入面条煎至两面焦黄，出锅、装盘，浇上鸡蛋西红柿卤即可。

牛肉花卷

原料 调料 面粉500克，牛肉300克，泡打粉5克，葱末、姜末各10克，精盐、十三香粉各1小匙，酱油、料酒、香油、植物油各适量

制作步骤

1 牛肉洗净，剁成牛肉蓉，加入葱末、姜末、酱油、料酒、精盐、十三香粉、植物油、香油调匀成馅料。

2 面粉放在容器内，先放入泡打粉拌匀，再加入温水和成面团，稍饧后擀成大面片。

3 把馅料倒在大面片上抹匀，相对折叠，切成条，再抻长卷起成花卷生坯，放入蒸锅内蒸15分钟，出锅上桌即成。

荷叶饼

原料 调料 中筋面粉500克，酵母粉15克，白糖3大匙，熟猪油1大匙，植物油2大匙

制作步骤

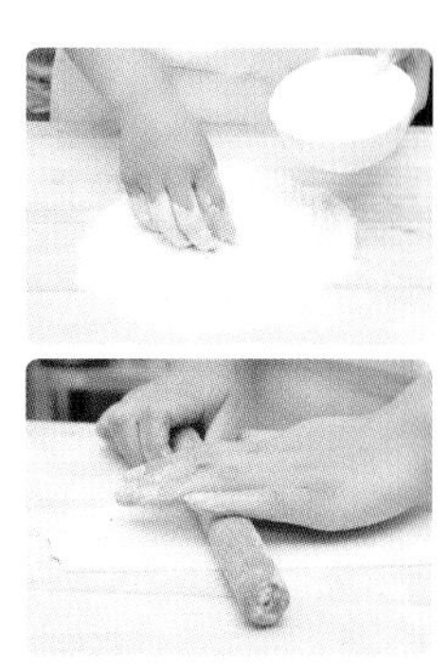

1 将中筋面粉放入案板上，加入白糖、酵母粉、熟猪油和匀成面团，稍饧10分钟，用擀面杖擀成长方形面皮，再用小碗扣成圆形饼皮。

2 在饼皮的表面刷上一层植物油，再对折成半圆形，然后在上面剞上井字花刀，用湿布盖严，饧45分钟，再入笼蒸8分钟至熟，取出装盘即可。

美味鸡腿饭

原料 调料 大米饭250克，鸡腿肉200克，小黄瓜50克，胡萝卜丝、白萝卜丝各30克，话梅1粒，葱段少许，白糖、白醋各1大匙，鱼露2小匙，植物油2大匙

制作步骤

1 小黄瓜洗净，切成片，放入碗中，加入白醋、白糖和话梅腌渍10分钟，取出。

2 将鸡腿肉放入沸水锅中，加入葱段煮约20分钟，捞出、凉凉，切成小块。

3 锅中加油烧热，加入鸡腿块、大米饭、黄瓜片、胡萝卜丝、白萝卜丝和鱼露炒匀即可。

原盅滑鸡饭

原料 调料 大米饭200克，鸡胸肉150克，香菇2朵，葱段10克，姜片5克，精盐1小匙，胡椒粉、蚝油、香油各1/2小匙

制作步骤

1 将鸡胸肉洗净，切成小块；香菇用温水浸泡至软，去蒂、洗净，切成斜刀块。

2 鸡肉丁放入碗中，加入香菇块、葱段、姜片、蚝油、香油、精盐、胡椒粉拌匀，放入蒸锅中蒸10分钟，取出，倒入砂锅内。

3 砂锅中再加入大米饭拌匀，置小火上焖5分钟即可。

三椒牛柳饭

原料 调料 大米饭400克，牛肉粒150克，青椒、黄椒、红椒各1个，洋葱丁、香菇丁各15克，精盐1小匙，白糖、胡椒粉各少许，黄油、酱油各2小匙，植物油适量

制作步骤

1 青椒、黄椒和红椒放入热油锅中炸至外皮涨起，捞入冷水中撕去外皮，每个横剖成两半，去瓤及籽成彩椒盅。

2 净锅上火，加入黄油和牛肉粒炒至变色，下入洋葱丁、香菇丁和大米饭翻炒均匀。

3 加上酱油、精盐、白糖、胡椒粉炒匀，盛入彩椒盅内即可。

木樨饭

原料 调料 大米饭300克，鸡蛋2个，大葱25克，精盐1小匙，味精、花椒粉、料酒各少许，植物油2大匙

制作步骤

1 鸡蛋磕入碗中搅匀，加入料酒、花椒粉和少许精盐调匀成鸡蛋液；大葱洗净，切成葱花。

2 锅中加上植物油烧热，倒入鸡蛋液炒成鸡蛋花，盛出。

3 锅内加入少许植物油烧热，下入葱花煸炒出香味，倒入大米饭、鸡蛋花、精盐、味精炒至入味，出锅上桌即成。

茶香炒饭

原料 调料 大米饭400克，虾仁150克，黄瓜25克，青豆15克，龙井茶10克，鸡蛋2个，葱花15克，精盐2小匙，胡椒粉少许，植物油适量

制作步骤

1 将龙井茶放入茶杯内，倒入适量的沸水浸泡成茶水，捞出茶叶；虾仁去掉虾线，放入热油锅中炒香，出锅。

2 大米饭放入容器中，磕入鸡蛋并搅拌均匀；黄瓜洗净，切成小丁。

3 锅中加上植物油烧热，放入大米饭、胡椒粉、精盐、青豆、黄瓜丁、味精、葱花、虾仁和龙井茶叶炒匀，出锅、装盘，再把泡好的龙井茶水浇在米饭周围即可。

鸡肉松泡饭

原料 调料 大米饭400克，鸡胸肉125克，菠菜100克，鸡蛋1个，水发香菇50克，海苔碎少许，精盐、料酒各1小匙，酱油、白糖、香油各1/2小匙

制作步骤

1 菠菜洗净，用沸水略焯，捞出、过凉；鸡蛋加入精盐调匀，倒入热油锅中炒碎，盛出。

2 鸡胸肉、水发香菇切成碎末，放入热油锅中炒至变色，加入白糖、酱油和香油，出锅。

3 把大米饭扣在盘中，放上加工好的菠菜、鸡蛋碎、鸡肉和香菇，再撒上海苔碎即可。

羊肉抓饭

原料 调料 大米150克，羊肉250克，胡萝卜条100克，葡萄干25克，葱花、精盐、味精、羊油各适量

制作步骤

1 羊肉切成小丁，放入烧热的羊油锅中煸炒至变色，加入精盐炒匀，盛入碗中。

2 把胡萝卜条、精盐、葱花和味精放入热锅内炒均匀，取出。

3 把淘洗干净的大米放入锅中，加入适量清水焖20分钟，放入加工好的羊肉丁和胡萝卜条，转小火焖至熟，撒上葡萄干即可。

菠菜鸡粒粥

原料 调料 大米100克，菠菜200克，鸡肉50克，精盐1小匙，鸡精1/2小匙，胡椒粉1/3小匙

制作步骤

1 大米淘洗干净；鸡肉洗净，切成碎粒；菠菜去根及老叶，洗净，切成小段。

2 把菠菜段放入清水锅内焯烫一下，捞出、过凉，沥水。

3 锅中加入清水和大米煮至黏稠，下入鸡肉粒煮至熟嫩，加入菠菜段搅匀，放入精盐、鸡精、胡椒粉调味即可。

八宝粥

原料 调料 糯米100克，红小豆50克，葡萄干、花生米、莲子、松子仁、红枣、桂圆各20克，白糖适量

制作步骤

1 糯米淘洗干净，用清水浸泡，捞入电饭锅内，加入适量清水煮至熟烂，取出成糯米粥。

2 将红小豆、花生米、莲子淘洗干净，放入清水锅中煮至熟软，再加入糯米粥、桂圆、红枣、松子仁煮至浓稠。

3 放入葡萄干和白糖搅匀，续煮15分钟，出锅装碗即成。

香菇养生粥

原料 调料 糯米150克，鲜香菇100克，红枣25克，枸杞子10克，白糖3大匙

制作步骤

1 糯米用清水淘洗干净，再放入清水中浸泡3小时；把鲜香菇去蒂，洗净，切成小块；红枣泡软，去掉枣核；枸杞子择洗干净。

2 坐锅点火，加入适量清水，先放入浸泡好的糯米煮沸，再下入香菇、红枣和枸杞子，再沸后转小火煮约40分钟，待米粒熟烂开花时，加入白糖调匀，出锅装碗即成。

香河肉饼

原料 调料 牛肉末400克，面粉250克，鸡蛋1个，葱花、姜末各25克，十三香2小匙，味精、豆瓣酱各少许，甜面酱1小匙，酱油3大匙，香油4小匙，植物油适量

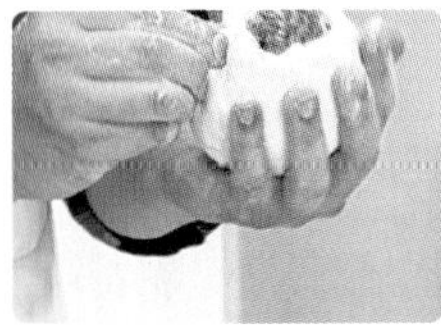

制作步骤

1 牛肉末放入容器中，磕入鸡蛋，加上酱油、甜面酱、豆瓣酱搅拌均匀，再加入十三香、香油、味精和姜末搅打上劲，静置20分钟，然后加入葱花拌匀成馅料。

2 面粉放入盆中，先用少许沸水烫一下，再加入温水和匀，饧30分钟，下成面剂子，按扁后包入适量馅料，擀成圆饼状成肉饼生坯。放入油锅内烙至熟，取出，装盘上桌即可。

麻香煎饼

原料 调料 清水荸荠(罐头)500克，中筋面粉100克，玫瑰枣泥馅150克，白芝麻、黑芝麻各50克，鸡蛋清2个，白糖5大匙，植物油适量

制作步骤

1 将清水荸荠捣成细蓉，包入纱布中，挤干水分，再加入中筋面粉拌和均匀，切成20个荸荠生坯。

2 将荸荠生坯放在手心按扁，包入玫瑰枣泥馅，收严口成圆球形，再略微压扁，两面先蘸匀鸡蛋清，一侧蘸上白芝麻、一侧蘸上黑芝麻成麻香煎饼生坯。

3 锅中加上植物油烧热，逐个放入生坯煎至外层酥脆、内馅熟透，取出、装盘，撒上白糖即可。

特色葱油饼

原料 调料 中筋面粉250克，大葱150克，精盐1小匙，味精少许，葱油1大匙，植物油2大匙

制作步骤

1 中筋面粉加入葱油、清水、精盐、味精调匀，揉成面团，饧30分钟；大葱洗净，切成碎末。

2 把面团擀成长方形，先刷上少许植物油，撒上葱末，由上至下卷起，再从两端向中间盘成圆形，压扁后成葱油饼生坯。

3 把葱油饼生坯放入热油锅中烙至金黄、熟透即可。

冬瓜鸡蛋饼

原料 调料 低筋面粉500克，冬瓜300克，胡萝卜100克，生菜50克，鸡蛋3个，精盐、味精各1小匙，香油2小匙

制作步骤

1 低筋面粉放入容器中，磕入鸡蛋，加上精盐、味精和适量清水调匀，过细筛成粉浆。

2 冬瓜、胡萝卜洗净、去皮，和生菜一起切成细丝，放入粉浆中搅拌均匀。

3 平底锅置大火烧热，刷上香油，倒入适量粉浆，用小火煎至熟透，出锅装盘即成。

老婆饼

原料 调料 水油酥皮350克，酥心150克，潮州粉、糖冬瓜、冰肉各100克，橄榄肉75克，芝麻25克，白糖250克，玫瑰糖、熟猪油各2大匙

制作步骤

1 冰肉切成小粒；糖冬瓜剁碎，与冰肉粒、玫瑰糖、熟猪油、白糖、潮州粉、橄榄肉及适量清水拌匀，放在案板上叠两次，饧30分钟，分成20个馅剂。

2 用水油酥皮包入酥心，揉成细酥，再包入馅料，用擀面杖擀成圆形，撒上芝麻成生坯，放在烤盘上，入炉烘烤至熟即可。

盘丝饼

原料 调料 面粉300克，青红丝、食用碱各少许，精盐1/2小匙，白糖、香油各100克，植物油3大匙

制作步骤

1 面粉放入盆中，加入精盐和适量清水调成面团，加入食用碱揉匀，饧30分钟。

2 将饧好的面团抻成细丝面条，刷上植物油，切成10块，每块抻长、盘起成盘丝饼生坯。

3 锅内加入植物油、香油烧热，放入盘丝饼生坯烙至金黄、熟透，撒上白糖、青红丝即可。

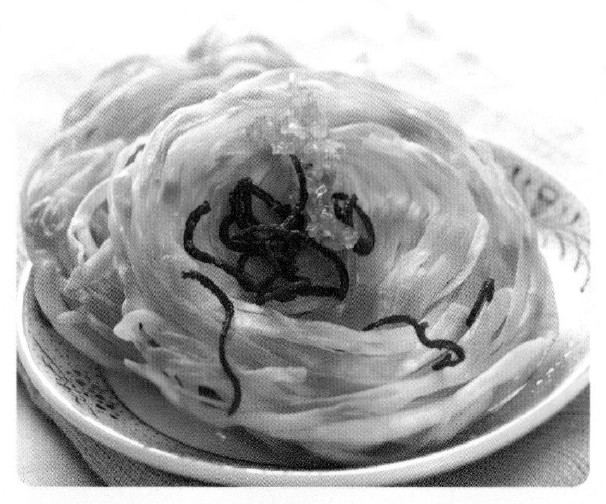

创新懒龙

原料 调料 面粉400克，猪肉末150克，泡打粉5克，葱末、姜末各10克，胡椒粉1/2小匙，白糖1小匙，料酒1大匙，酱油3大匙，香油2小匙，植物油2大匙

制作步骤

1 面粉放入容器内，加入泡打粉、温水和白糖揉匀成面团，稍饧；猪肉末加入酱油、胡椒粉、料酒和香油拌匀。

2 锅中加入植物油烧至六成热，下入葱末、姜末煸炒至微黄，再放入拌匀的猪肉末炒至干香，取出、凉凉成馅料。

3 把面团揉匀，擀成大薄片，抹匀炒好的馅料，卷成卷，再饧20分钟成懒龙卷生坯，放入蒸锅内，用旺火蒸20分钟，取出，切成小段，装盘上桌即可。

金蛋小馒头

原料 调料 熟面粉500克，鸡蛋5个，白糖200克，熟猪油3大匙

制作步骤

1 鸡蛋磕开，把鸡蛋黄、鸡蛋清分别装入小碗中，先将鸡蛋清用筷子搅打成泡沫状，再加入鸡蛋黄搅拌均匀，然后放入白糖及熟面粉，搅匀成蛋粉糊。

2 小碗中抹上熟猪油，倒入蛋粉糊抹平，放入蒸锅中，盖上锅盖，用旺火蒸10分钟至熟，取出，扣在盘中即可。

麻团

原料 调料 糯米粉500克，豆沙馅、白芝麻各100克，泡打粉15克，白糖200克，植物油适量

制作步骤

1 将白糖用温水化开，加入糯米粉、泡打粉和成面团，稍饧。

2 将饧好的面团下成小面剂，压扁后包入豆沙馅，先蘸匀一层白芝麻，再滚成圆形生坯。

3 锅中加上植物油烧至四成热，放入生坯，先用小火炸熟，再转旺火炸至金黄、酥脆，捞出、沥油，装盘上桌即可。

猪肉盒子

原料 调料 面粉500克，五花肉末400克，葱末75克，姜末30克，精盐1小匙，味精、五香粉各少许，酱油、料酒各2小匙，鲜汤3大匙，香油2小匙，植物油适量

制作步骤

1 五花肉末加入料酒、鲜汤、酱油、葱末、姜末、精盐、味精、五香粉、香油搅匀成馅料。

2 面粉用温水和成面团，略饧，切成面剂，擀成圆皮，包入馅料，对折成半圆形，将边捏捏成花边，制成盒子生坯。

3 平锅刷油烧热，放入生坯，用小火烙至金黄、熟透即可。

椰蓉糯米糍

原料 调料 糯米粉500克，莲蓉馅、椰蓉各150克，白糖、熟猪油各100克

制作步骤

1 糯米粉加入白糖、熟猪油及适量清水调匀，揉成面团。

2 将面团搓成长条状，每15克下一个面剂，包入莲蓉馅，搓成圆球状，制成糯米糍生坯。

3 将糯米糍生坯放入蒸锅中蒸6分钟至熟，取出糯米糍，滚匀一层椰蓉，即可上桌食用。

糯香玉米球

原料 调料 嫩玉米粒500克，面粉200克，鸡蛋1个，发酵粉3克，精盐1小匙，味精1/2小匙，五香粉少许，熟猪油1大匙，植物油适量

制作步骤

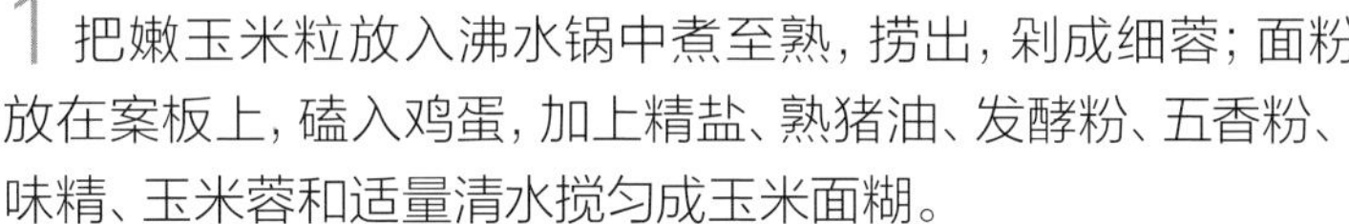

1 把嫩玉米粒放入沸水锅中煮至熟，捞出，剁成细蓉；面粉放在案板上，磕入鸡蛋，加上精盐、熟猪油、发酵粉、五香粉、味精、玉米蓉和适量清水搅匀成玉米面糊。

2 净锅置火上，加上植物油烧至六成热，用小汤匙舀起玉米面糊，下入油锅中炸至玉米球呈金黄色，捞出、沥油，装盘上桌即成。

鲅鱼饺子

原料 调料 面粉400克，鲅鱼半条，猪肉末、韭菜碎各100克，鸡蛋1个，葱末、姜末各10克，精盐、香油各2小匙，胡椒粉少许，料酒2大匙，味精1小匙

制作步骤

1 鲅鱼去掉鱼皮和鱼骨，取净鱼肉，用刀背剁成蓉，放在容器内，放入猪肉末、料酒、精盐、胡椒粉、葱末、姜末、香油、鸡蛋、味精和韭菜碎，搅拌均匀至上劲成馅料。

2 面粉放在容器内，加上少许精盐和适量清水揉搓成面团，搓成长条，制成面剂，擀成面皮，包入少许馅料成饺子生坯。

3 锅置火上，加上适量清水煮沸，下入饺子生坯煮至熟，捞出装盘即可。

茴香肉蒸饺

原料 调料 面粉400克，茴香250克，猪肉末150克，鸡蛋1个，葱末、姜末各10克，甜面酱2大匙，胡椒粉少许，酱油、料酒各1大匙，香油各1大匙，植物油适量

制作步骤

1 茴香择洗干净，切成碎末；猪肉末加入甜面酱、酱油、胡椒粉和香油调匀，再磕入鸡蛋，放入葱末、姜末和料酒搅匀，加入茴香末拌匀，制成茴香肉馅。

2 面粉放在容器内，加上适量的沸水搅拌均匀成烫面团，揉搓均匀，分成小面剂，擀成面皮，包上茴香肉馅成蒸饺生坯。

3 把蒸屉抹上植物油，码放上蒸饺生坯，放入沸水蒸锅内，用旺火蒸约8分钟至熟，取出上桌即可。

腊肠卷

原料 调料 面粉300克，腊肉、香肠各100克，酵母粉少许，泡打粉5克，白糖2大匙

制作步骤

1 将腊肉、香肠放入蒸锅内蒸至熟，取出，切成小条；面粉加入酵母粉、泡打粉、白糖、温水调成发酵面团。

2 将发酵面团搓成长条，揪成15克重的小面剂，再搓成25厘米长的细条。

3 将搓好的细条放上一根腊肉条、一根香肠条并卷起，接口向下成腊肠卷生坯，饧15分钟，再放入蒸锅内，用中火蒸5分钟，取出装盘即可。

翡翠巧克力包

原料 调料 面粉400克，净菠菜100克，橙子皮5克，发酵粉少许，巧克力块100克，牛奶150克，黄油1大块

制作步骤

1 锅置火上，加入黄油、少许面粉和切碎的巧克力炒匀，再加入牛奶炒至黏稠，出锅、装碗，凉凉成馅心。

2 橙子皮切成细丝；净菠菜放入粉碎机中打成菠菜泥；面粉放入盆中，加入橙皮丝、菠菜泥、发酵粉揉匀成面团，饧发30分钟，下成面剂，擀成薄皮，包入馅心成巧克力包生坯。

3 把巧克力包生坯摆放在笼屉内稍饧，再放入沸水蒸锅内蒸约20分钟，取出上桌即可。

双色菊花酥

原料 调料 面粉300克，菊花5克，鸡蛋2个，红樱桃少许，蜂蜜适量，植物油适量

制作步骤

1 菊花洗净，放入杯中，加入热水浸泡成菊花水，凉凉；面粉放入容器中，磕入鸡蛋，倒入菊花水和匀成面团，拍上少许清水，盖上湿布，饧10分钟.

2 把面团揉搓成长条，切成小面剂，擀成圆形面皮，每个面皮先切成4小块扇形，再把4小块扇形面皮叠起来，切成细丝，用筷子夹起并从中间按下成菊花酥生坯。

3 净锅置火上，加入植物油烧热，放入菊花酥生坯炸至熟脆，捞出、装盘，中间用红樱桃点缀，淋上蜂蜜即可。

PART 6 餐后甜点

香芋包

原料 调料 面粉500克，蒸熟芋头400克，酵母粉、泡打粉各10克，白糖250克，香芋油少许

制作步骤

1 蒸熟芋头压成蓉，加上白糖拌匀成馅心；面粉加入白糖、酵母粉、泡打粉和温水揉成面团，分成两块，一块原色，另一块加入香芋油揉匀成紫色面团。

2 把原色面团擀成大片，铺在案板上，再将紫色面团也擀成大片，盖在原色面片上，卷起面团搓成长条，切成剂子，擀成圆皮，包入馅心，收口朝下呈馒头状成香芋包生坯。

3 将香芋包生坯饧发15分钟，放入蒸笼内，用旺火沸水蒸8分钟，出锅装盘即可。

莲花包

原料 调料 面粉500克，莲蓉馅100克，酵母粉、泡打粉各5克，食用红色素水少许，白糖150克，熟猪油100克

制作步骤

1 面粉放入酵母粉、泡打粉、白糖和适量温水揉成面团，再加入熟猪油揉搓均匀，下成面剂。

2 将面剂中间包入少许莲蓉馅，收口朝下饧10分钟，再入笼蒸熟，取出，趁热揭去表皮。

3 用剪刀逐层剪出三角形花瓣，再用牙刷蘸上食用红色素水刷在花瓣上即可。

竹节酥

原料 调料 面粉500克，果脯馅、蔬菜汁各150克，熟猪油150克，植物油适量

制作步骤

1 一半面粉加入蔬菜汁和清水揉搓成水油面团；另一半面粉加入熟猪油揉搓成油酥面团。

2 用水油面团包入油酥面团，擀成长方形，折叠成三层后擀开，依此擀叠两次，卷起后切成小段，顺长剖开，擀成长方形面片。

3 面片上抹匀果脯馅，卷起呈圆筒状，用刀刻压出竹节成生坯，放入热油锅中炸至熟香即成。

白糖糕

原料 调料 糯米粉300克，大米粉200克，绿樱桃少许，白糖150克，炼乳、熟猪油各3大匙

制作步骤

1 将糯米粉、大米粉拌匀，再加入白糖50克、炼乳、熟猪油和少许清水调匀成面团。

2 将面团擀成1厘米厚的面片，放入方盘中，入笼蒸15分钟至熟，取出、凉凉。

3 将蒸好的面片切成细条状，滚上白糖，由下而上盘成圆柱体，上面放上绿樱桃点缀即可。

芋头糕

原料 调料 芋头500克，糯米粉250克，澄面、腊味各100克，水发海米50克，精盐、香油各1小匙，白糖2大匙，胡椒粉、五香粉各少许，熟猪油、植物油各适量

制作步骤

1 芋头去皮，放入蒸锅内蒸至熟，取出，切成小粒；腊味切成小粒；水发海米切成碎末。

2 将糯米粉、澄面拌匀，加入清水、白糖、腊味粒、海米碎、精盐、五香粉、熟猪油、胡椒粉、香油和芋头粒调成粉浆。

3 将粉浆倒入方盘中，入笼蒸45分钟，取出，切成长条块，放入热油锅中稍煎即成。

如意锁片

原料 调料 糯米粉500克，大米粉200克，可可粉25克，白糖200克，植物油3大匙

制作步骤

1 取一半糯米粉、大米粉、白糖拌匀，加入清水搅匀成白色粉糊；将剩余的糯米粉、大米粉和白糖放入容器中，加入可可粉调匀，再放入适量清水搅匀成可可粉糊。

2 取糕盘2个，刷上一层植物油，分别倒入白色粉糊和可可色粉糊并抹平，再入笼蒸15分钟至熟，取出。

3 将蒸熟的粉团分别揉匀，擀成薄片，白色在下，可可色在上叠起来，从两端向中间卷起，再切成小块即成。

开口笑

原料 调料 面粉500克，黑芝麻200克，吉士粉50克，泡打粉10克，鸡蛋1个，白糖、熟猪油、植物油各适量

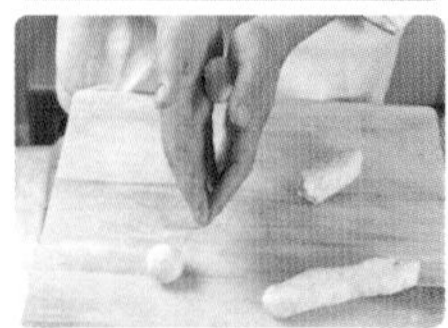

制作步骤

1 将面粉放在容器内，磕入鸡蛋，加上熟猪油、白糖、吉士粉、泡打粉和适量清水拌匀，揉搓均匀成面团，饧发25分钟成发酵面团。

2 将发酵面团搓成长条，下成小面剂，用手搓圆，蘸上少许清水，滚上黑芝麻成开口笑生坯，放入热油锅中炸至浮起，再逐渐加温炸至色泽金黄，即可出锅装盘。

开花馒头

原料 调料 低筋面粉400克，澄面150克，鸡蛋清1个，朱古力彩针30克，泡打粉20克，白糖300克，白醋、冰糖水各少许，熟猪油3大匙

制作步骤

1 将低筋面粉、澄面、泡打粉拌匀，加入白糖、熟猪油、鸡蛋清和清水调成浓糊。

2 将白醋和冰糖水慢慢加入浓糊中，边加边搅拌均匀，倒入纸杯中。

3 将浓糊连同纸杯一起放入笼屉中，用旺火蒸10分钟成开花馒头，取出开花馒头，在上面撒上朱古力彩针即可。

金山酥角

原料 调料 面粉500克，白芝麻50克，鸡蛋液少许，白糖200克，熟猪油250克，植物油750克(约耗75克)

制作步骤

1 面粉300克加入白糖、温水调匀，揉搓成水油面团；面粉200克加入熟猪油揉搓成油酥面团。

2 用水油面团包入油酥面团，叠起制成酥皮，再用刀切齐、擀平，涂上鸡蛋液，包成三角形，蘸上白芝麻成酥角生坯。

3 将酥角生坯放入热油锅内炸至色泽金黄，装盘上桌即可。

奶香椰子球

原料 调料 椰蓉、奶油、鸡蛋黄各100克，白糖150克，牛奶4大匙

制作步骤

1 将奶油、白糖放入容器中，加入鸡蛋黄、牛奶、奶粉和椰蓉搅拌均匀，揉搓成椰蓉粉团。

2 将椰蓉粉团搓成长条，切成每个15克重的小剂子，再搓成小球，摆入烤盘中。

3 将烤盘送入烤炉，用120℃炉温烘烤20分钟，待色泽金黄时取出，装盘上桌即可。

可可蛋糕卷

原料 调料 低筋面粉、鸡蛋液各150克，可可粉50克，塔塔粉5克，糖粉1大匙，白糖100克，植物油适量

制作步骤

1 将鸡蛋液、塔塔粉、白糖放在容器内抽打均匀，再倒入低筋面粉、可可粉搅匀成蛋糕糊。

2 烤盘内刷上植物油，倒入蛋糕糊并抹平，放入预热的烤箱内烘烤20分钟，取出成可可蛋糕。

3 将可可蛋糕放在蛋糕布上，撒上糖粉，卷起成长方形，去掉蛋糕布，切成小块即可。

椰香奶包

原料 调料 面粉400克，杏仁酱、椰蓉各50克，肉松25克，奶酪10克，面包改良剂5克，精盐少许，白糖100克，牛油2小匙

制作步骤

1 面粉加入白糖、奶酪、面包改良剂、精盐、牛油、温水、椰蓉揉匀成面团，饧发40分钟。

2 将面团揉匀，下成面剂，揉搓成橄榄形，饧发30分钟，放入烤箱中烘烤至熟，取出、凉凉。

3 将烤好的面包切片，在两片中间涂上少许杏仁酱，再合在一起，抹上杏仁酱，蘸上肉松即可。

蜜饯饼干

原料 调料 面粉250克，黄油100克，蜜饯果脯碎80克，鸡蛋液50克，柠檬皮末5克，黑巧克力适量，白糖100克，牛奶3大匙，香草油1小匙

制作步骤

1 将黄油、白糖、鸡蛋液、香草油混拌均匀，再加入面粉、柠檬皮末和牛奶搅匀成饼干料。

2 将饼干料搓成直径4厘米的条，切成每个15克的小面剂，搓成圆形，用手压扁，摆入烤盘中，放入烤箱烘烤12分钟。

3 取出烘烤好的饼干，在表面淋上溶化的黑巧克力，再撒上蜜饯果脯碎即成。

杏仁饼干

原料 调料 面粉500克，麦淇淋250克，鸡蛋液75克，杏仁50克，白糖100克，植物油1大匙

制作步骤

1 麦淇淋放入搅拌器打至松软，再加入鸡蛋液、白糖、面粉搅匀成浓糊；杏仁擀成碎粒。

2 将浓糊装入裱花袋内，裱在刷有植物油的烤盘中成直径4厘米的小圆饼，撒上杏仁碎成生坯。

3 将烤箱预热至180℃，放入杏仁饼干生坯烘烤约15分钟，取出装盘即可。

燕麦片饼干

原料 调料 面粉250克，黄油150克，燕麦片75克，鸡蛋黄50克，泡打粉5克，精盐1小匙，白糖100克，牛奶5大匙

制作步骤

1 将面粉、泡打粉、黄油、精盐、白糖、鸡蛋黄、燕麦片、牛奶搅匀成饼干料，稍饧15分钟。

2 将饼干料搓成直径4厘米的长条，再切成每个15克重的小面团，搓成圆形饼干生坯。

3 将生坯整齐地摆入烤盘中，放入烤箱，用170℃的炉温烘烤15分钟，取出上桌即可。

冰皮饼

原料 调料 糯米粉200克，玫瑰馅心250克，澄面50克，白糖150克，奶粉、熟猪油各3大匙

制作步骤

1 将糯米粉、澄面、奶粉、白糖、熟猪油和温水放入容器中拌匀，揉搓成粉团，饧15分钟。

2 将粉团下成剂子，擀成圆皮，包入玫瑰馅心，收口后放入模具中压实成成冰皮饼生坯。

3 把冰皮饼生坯放入预热的烤箱中，用中温烘烤至熟香，取出装盘即可。

酥香蛋挞

原料 调料 高筋面粉、鸡蛋液各200克，吉士粉5克，白糖100克，牛奶3大匙

制作步骤

1 将高筋面粉、吉士粉、少许鸡蛋液和清水调匀成面团，放入冰箱中冷冻片刻，取出后揉搓均匀，下成小面剂，压成圆饼形，放入蛋挞烤模中。

2 将牛奶、白糖、鸡蛋液放入容器中搅拌均匀成浓糊，再分别倒入蛋挞烤模内，放入烤箱中，用180℃烘烤10分钟，待蛋挞金黄酥脆时，取出上桌即成。

香草棒

原料 调料 面粉250克，鸡蛋清3个，橙皮末5克，泡打粉3克，精盐少许，白糖100克，香草油1小匙

制作步骤

1 将鸡蛋清、白糖、精盐混合搅拌3分钟，再放入面粉、泡打粉搅拌均匀。

2 然后加入橙皮末和香草油拌匀成饼干料，擀成1厘米厚的面片，切成小条成香草棒生坯。

3 将香草棒生坯码在烤盘内，放入预热的烤箱中，用180℃的炉温烘烤12分钟，取出装盘即可。

榛子冰淇淋

原料 调料 淡奶油400克，榛子仁100克，鸡蛋黄4个，香草粉5克，白糖120克

制作步骤

1 将榛子仁放入烤炉中烤香，取出后压成碎粒；淡奶油放入容器中搅打至发起。

2 将鸡蛋黄、白糖放入容器中，入锅隔水加热，搅打成蛋黄浆，离火、凉凉，加入打发的淡奶油搅拌均匀。

3 然后放入香草粉、榛子碎粒拌匀，再装入容器中，放入冰箱内冷冻4小时，取出上桌即可。

香橙冰蛋糕

原料 调料 淡奶油200克，浓缩橙汁150克，鸡蛋黄3个，白糖150克，蜂蜜3大匙

制作步骤

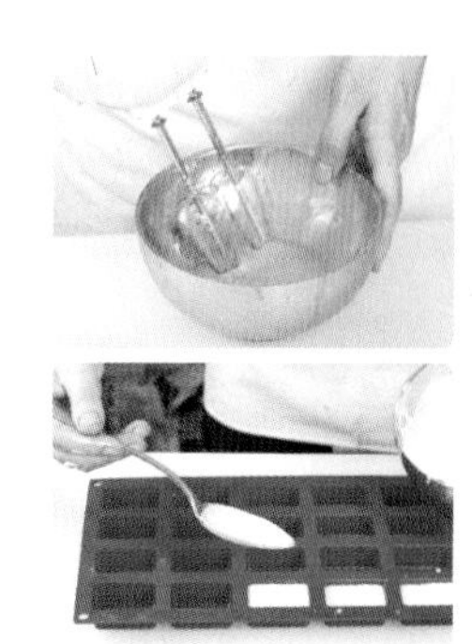

1 净锅置火上，加上白糖和适量清水煮至沸，出锅滤去杂质，凉凉成白糖水。

2 将淡奶油、鸡蛋黄放入容器中，充分搅拌均匀至涨发，再加入白糖水调拌均匀。

3 然后放入蜂蜜和浓缩橙汁搅匀成浓糊，分别倒入模具内，移入冰箱内冷冻，食用时取出，装碗上桌即可。

腰果冰淇淋

原料 调料 淡奶油400克，腰果100克，鸡蛋黄6个，香草粉5克，白糖200克，牛奶180克

制作步骤

1 将淡奶油搅打至涨发；腰果放入烤箱中烤熟，出锅、凉凉，压成碎末。

2 牛奶、鸡蛋黄、白糖放入容器中，入锅隔水加热至85℃，再加入香草粉搅匀。

3 待温度降至40℃时，加入淡奶油和腰果碎拌匀，再装入容器中，放入冰箱冷冻4小时即可。

西梅冰淇淋

原料 调料 淡奶油400克，西梅150克，鸡蛋黄4个，香草粉5克，白糖、牛奶各150克，朗姆酒100克

制作步骤

1 将西梅切成小丁，放入朗姆酒中腌渍1小时；淡奶油放入容器中搅打至涨发。

2 将牛奶、鸡蛋黄、白糖放入容器中，入锅隔水加热至85℃，再加入香草粉搅匀。

3 待温度降至40℃时，加入淡奶油和腌好的西梅丁，装入容器中，放入冰箱冷冻4小时即可。

花生冰淇淋

原料 调料 淡奶油250克，花生仁、花生酱各100克，鸡蛋黄4个，白糖100克，牛奶200克

制作步骤

1 将花生仁放入烤箱中烤熟，取出、凉凉，压成碎末；淡奶油放入容器中搅打至涨发。

2 将鸡蛋黄、花生酱、牛奶、白糖放入容器中，入锅隔水加热，再加入淡奶油调匀。

3 然后放入花生碎拌匀，装入容器中，放入冰箱冷冻4小时，食用时取出，装入杯中即可。

榛子冰蛋糕

原料 调料 淡奶油400克，榛子酱80克，鸡蛋黄6个，白糖100克，蜂蜜2大匙

制作步骤

1 锅中加入适量清水和白糖煮沸，出锅凉凉成白糖水；鸡蛋黄、淡奶油分别打发。

2 白糖水中加入打发的蛋黄和淡奶油搅打均匀，然后加入蜂蜜和榛子酱，充分拌匀成浓糊。

3 将浓糊分别倒入模具内，放入冰箱冷冻室内冷冻，食用时取出，装盘上桌即可。

图书在版编目（CIP）数据

家宴上桌 / 张兴国编著. -- 长春 : 吉林科学技术出版社, 2018. 6
ISBN 978-7-5578-3647-4

Ⅰ. ①家… Ⅱ. ①张… Ⅲ. ①家宴－菜谱 Ⅳ. ①TS972.12

中国版本图书馆CIP数据核字(2018)第072856号

家宴上桌

Jiayan Shangzhuo

编　　著　张兴国
出 版 人　李　梁
责任编辑　张恩来　高千卉
封面设计　长春创意广告图文制作有限责任公司
制　　版　长春创意广告图文制作有限责任公司
开　　本　710 mm × 1 000 mm　1/16
字　　数　150千字
印　　张　12
印　　数　1-6 000册
版　　次　2018年6月第1版
印　　次　2018年6月第1次印刷
出　　版　吉林科学技术出版社
发　　行　吉林科学技术出版社
地　　址　长春市人民大街4646号
邮　　编　130021
发行部电话/传真　0431-85677817　85635177　85651759
85651628　85600611　85670016
储运部电话　0431-86059116
编辑部电话　0431-85610611
网　　址　www.jlstp.net
印　　刷　长春新华印刷集团有限公司
书　　号　ISBN 978-7-5578-3647-4
定　　价　38.00元
如有印装质量问题可寄出版社调换